翁丁村聚落调查报告详解

张捍平　著

中国建筑工业出版社

图书在版编目（CIP）数据

翁丁村聚落调查报告详解 / 张捍平 著. — 北京：
中国建筑工业出版社，2019.7
ISBN 978-7-112-23462-2

I. ①翁… II. ①张… III. ①少数民族—村落—建筑
艺术—调查报告—云南 IV. ①TU-092.8

中国版本图书馆CIP数据核字（2019）第047580号

感谢北京建筑大学建筑设计艺术研究中心建设项目的支持

责任编辑：易 娜
责任校对：王 烨

翁丁村聚落调查报告详解
张捍平 著
*
中国建筑工业出版社出版、发行（北京海淀三里河路9号）
各地新华书店、建筑书店经销
北京建筑工业印刷厂印刷
*
开本：880×1230毫米 1/32 印张：$4^{7}/_{8}$ 字数：154千字
2019年8月第一版 2019年8月第一次印刷
定价：30.00元
ISBN 978-7-112-23462-2
(33724)

前言

本书的主体内容均来自于本人于2013 年硕士研究生毕业论文《翁丁村聚落空间与居民居住行为关系的研究》。自2010 年10 月起，我开始跟随王昀老师以及北京大学建筑学研究中心聚落研究小组的老师和同学们一起进行聚落调查。在2010 年10 月到2012 年12 月期间，我参与了湖北省黄石市龙港镇、河东村、朱家山村、杨州村，云南省临沧市大马散村、永俄村、翁丁村，云南省泸西县城子村，云南省怒江傈僳族自治州桃花村、五里村、下卡村、秋那桶村，云南省大理白族自治州诺邓村、渡河村，云南省剑川县寺登村，云南省丽江市宝山石头城等20 余个传统聚落的调查工作，涵盖了白、傣、佤、彝、哈尼、怒、汉等民族的聚居地。调查过程中对保留较为完整的传统形态的聚落进行了重点的调查和测绘。在调查和测绘过程中，聚落独特的风景成为了这本书的缘起。

针对本书所研究的翁丁村的调查共进行了两次。第一次调查是在2011 年10 月20 日至23 日，为期4 天，此次调查是对于云南西南部和南部传统聚落调查中的一部分，由王昀、方海以及黄居正三位老师带队，调查分成了两个组，一组主要调查了红河、文山一代的传统聚落，第二组对景洪、西盟、临沧一带进行了调查。其中翁丁村具有完好的形态并保留着较多原住居民，所以作为重点调查对象进行了较长时间的调查。此次调查由北京大学的刘禹、张聪聪、张振坤、何松以及北京建筑工程学院（现为北京建筑大学）的郭婧与我共同完成。这次调查完成了翁丁村聚落总平面的初步测绘；聚落中18 户居民住居院落和室内平面配置图的测绘；部分居民基本信息、生活情况的调查采访。让我们对于翁丁村有了较为概括的总体认知，获得了部分聚落空间信息和居民情况的基本资料。

第二次的调查是在2012 年11 月20 日至12 月22 日，为期33 天，调查人员为北京大学的刘禹、赵冠男两位同学和我。11 月20 日刘禹、赵冠男抵达翁丁村，开始进行翁丁村聚落空间的测绘工作；2012 年12 月5 日赵冠男返回北京；2012 年12 月9 日我抵达翁丁村，继续与刘禹一同进行翁丁村聚落空间测绘并进行居民行为调查工作；2012 年12 月22 日我与刘禹结束此次调查，共同返回北京。在这次调查过程中，刘禹负责了住居平面的测绘工作，赵冠男与我负责测绘的协助和拍照记录工作，我完成了对于居民生活行为的调查工作。这次调查在第一次调查的基础上，确定了更详细的调查内容和计划。

在对聚落空间的调查中，我们对于聚落总平面图信息进行了核对和更新，对翁丁村中全部的101户居民的住居进行了平面图的测绘和图像的记录，对主要的公共空间进行了调查和平面图的测绘，对具有典型性的住居结构剖面进行了测绘，对住居空间和功能的构成进行了调查和记录。对于聚落中生活的居民以及生活行为的调查包括了居民的姓名、性别、家庭关系等基本身份信息；不同性别居民的身高（身体直立）、坐高（统一坐在翁丁村居民普遍使用的竹椅子上时头顶距离地面的高度）的测量；翁丁村居民生活中的习俗、重要节日、生活中的重大活动，宗教仪式和活动，居民日常生活中行为活动的内容、时间的居住行为习惯。通过这次的调查，我们更加全面地获得了翁丁村聚落空间的数据信息以及居民方面的信息。

在调查中，通过测绘和观察，已经发现了在翁丁村居民建造住居和聚落的一些特点和规律，为了进行更加直接和清晰的说明，便有了这本书。较为普遍的对于传统聚落的研究，多以平面图、图片辅以说明的文字作为主要内容，直观地表现聚落中可以观察到的景象。而本书在此基础上，希望通过数据的统计、分析和比较，对所观察到的特点和规律进行一个二次的验证，从另一个角度来呈现聚落中的丰富性和复杂性。

为了可以清晰直接地将调查到的空间信息和行为内容进行分析和比较，我们对所调查的结果进行了量化的尝试。对于空间信息的量化比较简单，空间中的距离、角度、面积、区域的重心、位置可以直接作为比较的内容，而对行为的量化则是一个比较复杂和困难的工作。对人类行为的研究中建筑学、人类学、生物学、心理学等众多学科都有着不同方向的理论和成果。本书希望讨论的内容，主要涉及建筑学与心理学方面对于行为的研究。在研究中，首先借助建筑学中住居学的学说对居民的行为进行了分类，并根据分类分别进行调查。考虑到所研究的内容涉及人与空间的问题，于是采用了库尔特·勒温的行为学 $B=f(S)$ 的模型，对居民的行为进行了人的因素和环境因素的拆解，并分别对两个因素进行记录，最后通过权重量化的方式对解析结果进行评级和量化，将不同的生活行为在居民生活中的心理等级计算出一个分值，最后将分值与空间的位置和大小等信息进行比较，获得并验证在调查中所观察到的翁丁村中住居空间所体现的空间特点。

研究中涉及了一些心理学领域的相关知识和概念，分析中使用了统计学中的分布分析、回归分析等统计学方法和概念。研究根据需要所借用的相关概念、公式和模型，如果出现任何理解的偏差或使用不当，还望专业人士能够给予批评与指正。

对于行为的量化使用了权重分配的方式，目前对于人类行为的研究，多采用实验法和观察法两种方式，而对于聚落中居民行为的考察，多是通过调查者的观察和记录获得，很难借助仪器和设备，所以在这种情况下，采取了权重量化的方式。为了尽可能减少主观因素对于量化结果的影响，在权重分配和打分选项中，主要通过实际的时间、状态等客观情况作为打分选项，最大限度地去除含有主观因素的选项，尽可能提高权重打分的可靠性，使分析结果趋近于实际情况。

本书希望对翁丁村这个目前保存较为完整，但也许很快就会消失的聚落进行一个尽可能完整的记录，因为就在我们结束调查的时候，得知在距离村子不远的地方，正在建设新村，新村建成后，也许居民们就会搬到新村中生活。老寨将会作为旅游景点。但当一个聚落失去了其中居民真实的生活，只留下房子，真正的聚落就不复存在了。

目　录

绪 言

翁丁村居民家中的火塘

“聚落”早已是世界范围内建筑学领域关注的一个话题，关于“聚落”一词的渊源，可以追溯到19世纪。1800年左右西方出现了“乡土建筑（Vernacular Architecture）”的概念，“Vernacular”意思是“白话、本地话”，这个词在17世纪的英语中就已经存在，而“乡土建筑”这个名词的确定是在1818年左右。19世纪的西方学者研究乡土建筑主要有三个目的：其一，对于欧洲国家自身而言，乡土建筑的研究是提炼国家性建筑语言的重要手段；其二，探索和介绍其他地区，尤其是南半球的乡土建筑对于当时的欧洲人来说是吸引人眼球的新奇事物，报纸杂志通过刊登旅行者在南半球旅行的经历，包括当地的风土人情和独特建筑来吸引读者；其三，对世界乡土建筑的研究成为西方国家进行殖民地扩张的工具，一些19世纪末的社会学家试图利用他们所发现的乡土建筑来证明其建造者的文明也同样处于相对落后的阶段。

20世纪初，现代主义时期的建筑师在追求机械和抽象的同时，也从不同的角度在聚落和乡土建筑中汲取着营养。1964年在美国纽约现代艺术中心举办的名为“没有建筑师的建筑（Architecture Without Architects）”的展览，让更多的人关注到了聚落这一话题。展览从建筑学的角度对那些“无名建筑” 进行了重新地定位和展示。随后便兴起了世界范围内的聚落以及乡土建筑研究热潮。早期的研究主要关注聚落和乡土建筑的形式与美学思考，之后延伸到对聚落的环境、房屋建造的技术和社会层面。1969年，英国学者保罗·奥利弗（Paul Oliver）的《房屋和社会》（Shelter and Society）以及波兰学者阿摩斯·拉普卜特（Amos Rapoport）的《宅形与文化》（House From and Culture）是从环境、技术、社会层面研究乡土建筑的代表著作。1976年国际古迹遗址理事会（ICOMOS）设立了对于促进乡土建筑的发现、研究和保护的国际合作议题。1997年《世界乡土建筑百科》（Encyclopedia of Vernacular Architecture of the World）一书的出版成为乡土建筑研究的一个里程碑。书中记录了80多个国家的乡土建筑实例，而这本书中的研究方法也成为日后其他研究者对于聚落和乡土建筑问题探讨的重要的基本框架。

在亚洲范围内关于聚落方面的研究中，日本在20世纪50年代出现了研究生活中的人与空间关系的“住居学”理论，通过对传统的乡土建筑以及居民的研究来分析住宅与居住的关系。20 世纪70 年代，日本开始了以聚落为视角的研究，这方面的研究以东京大学的原广司和藤井明为代表。他们以世界范围内大量的聚落调查为基础，对不同地区、民族的传统聚落进行建筑空间的分析和研究。原广司的《世界聚落的教示100》和藤井明的《聚落探访》是他们对于聚落研究成果的总结。

我国对于传统聚落的研究更多地关注于类型建筑和单体建筑，对各地不同特色的民居进行调查、总结和归纳。20 世纪80 年代出版的中国传统民居系列丛书，都是以民居单体的研究为核心，是对全国范围内具有鲜明特征的地方民居的一次整体呈现。2000年以来，随着眼界的开阔，学者开始从更宏观的视角来重新看待民居建筑。王昀的《传统聚落结构中的空间概念》是以聚落作为研究对象，将聚落空间特征分解为大小、距离和角度三个变量，以此作为可以代表聚落空间特征的量，对世界范围内的聚落空间概念进行重新地梳理和定位，打破传统的对于民族、地域、材料、样式的界限，用空间概念来重新梳理文化边界。

在以往的聚落、民居、乡土建筑的分析和研究中，多是以针对一大片区域或一个民族等宏观的条件进行归类后，对聚落和民居进行记述和展示。而在这本书中，则希望仅针对一个聚落进行深入和具体的调查，来展现聚落和民居当中更多的细节，为聚落研究者以及建筑爱好者提供一个在众多宏观视点下的一个微观案例的补充，也试图在微观的视野中寻找一些决定着整个聚落形态和居民生活的原因。即便在调查后一无所获，这本书也还可以作为一种记录，留存住调查时村子的状态。

聚落中的空间由人造空间和自然空间组成。包括了人对于自然环境的选择、改造和人造空间搭建这两个层面：在自然环境中，主要包括聚落所在地的地理、气候等大环境，这些要素是聚落形成的基本条件。人在建造聚落前先对自然环境进行筛选，从中选出适宜自己生存的自然环境进行聚落的建立和生活的展开；人造空间是聚落空间的主体部分，也是人适应自然环境和改造自然环境的主要手段。在确定聚居的地点后，人们首先对自然环境进行简单的改造，随后再建造自己的生活空间。根据不同的生理和心理需求，建造出完整的聚落。

人造聚落空间是本书研究的主要对象。在对聚落空间的研究中，将聚落空间分为宏观、中观和微观三个层面来进行分析。宏观层面的聚落空间是指构成聚落总体结构的要素，由聚落所在地的自然地理环境、聚落中的公共空间、聚落中的居住空间以及聚落的道路交通体系组成。这些要素的大小、位置、布局决定了聚落的整体结构和形态。中观层面的聚落空间指每一户居民的住居，本书研究翁丁村的中观聚落空间主要围绕住居院落展开。住居是聚落空间的主要组成部分，每一个住居中的构成要素、空间尺度、空间形态决定了整个住居空间的形态、结构和布局。微观层面的聚落空间是指居民居住的住居建筑的内部。住居建筑的建造、形态、大小、尺寸、功能是这本书主要的研究对象。

聚落中居民的居住行为是这本书研究的另一主要问题。从广义上讲居住行为属于人类行为的一个子集，具有一切人类行为的特性、分类和构成要素。从狭义上讲居住行为指的是人的生活内容和生活方式。在这个范畴内居住行为包括了聚落居民的日常生活起居和习惯，居民对生活空间的建造和使用，居民的劳动生产等多个方面的内容。

为了可以更好地与聚落空间进行对比和分析，我们尝试将聚落中居民的居住行为也分为宏观、中观和微观三个层面。宏观层面的居住行为主要是由聚落中大多数或全体成员参加，或对全体成员或大多数成员有直接影响的集体活动，如聚落中居民的婚丧嫁娶、宗教仪式、礼仪接待、节日庆典等活动。中观层面的居住行为包括一些家族或家庭内部进行的行为，如居民日常的家务、休闲、生育、生产、劳动等活动。微观层面的居住行为是指居民个人的生活行为活动，如居民吃饭、睡觉、沐浴等行为。

在对于人类居住行为的研究中，不同的出发点有着不同的分类方法和研究方式。在聚落研究当中，住居学的研究内容和出发点与本书的研究较为贴近，故本书中对于居住行为的分类和界定选择了已有的住居学理论。

根据住居学理论对于人类生活居住行为的分类，将人的生活分为三类。第一类是包括修养、采食、排泄、生育的居住行为，这类行为与人的生存息息相关，被称作

“第一生活”；第二类是包括家务、生产、交换的行为，是人维持生活所需进行的必要的关系性的行为，服务于人的“第一生活”，称作“第二生活”；第三类是包括表现、创造、游戏、冥想等行为，属于人类在生存和生活之外，精神和情绪层面的行为活动，称为“第三生活” 。这三类生活涵盖了所有的个人日常生活行为，所以在居民行为的研究中，采用了住居学中的行为分类和事项来对翁丁村居民的居住行为进行调查和分析。

在心理学领域中通常认为在人类的行为中，行为的主体是人，客体是人所处的空间环境，人的行为是对于刺激的一种外在呈现，是一种人与环境相互作用的结果。刺激可以是来自于人的生物性的、个人心理性的、社会结构以及文化等多个方面的综合性的结果，无法直接通过观察发现，所以对于居民行为的研究只能通过对居民行为的观察、记录和采访来完成。

在行为心理学的理论研究中，美国心理学家库尔特·勒温（Kurt Zadek Lewin）用行为公式来解释人的行为是如何由人和环境共同作用的。勒温认为每一个心理事件的行为公式为$B=f(S)$，又可以表示为$\beta=f(PE)$，其中S指情境，将情境拆解后，P代表人或个人因素，E代表环境，所以人类的行为是人与环境的一个函数 。而在勒温的公式中P所代表的主要是个人的生理及心理因素，而这些同样也是无法通过观察方式了解的。为了能够表示行为的个人因素，所以采用了对行为的人数、性别、年龄、姿态、声音这些可观察的外显因素来描述人P这个变量。

本书的第一章是对翁丁村聚落空间和居民行为调查结果的呈现，从宏观、中观、微观三个层面分别展示翁丁村的空间构成要素、空间特征和景象、居民行为的内容和规律。第二章是对翁丁村聚落空间总结和整理，从数据的角度展现聚落空间的规律和特点。第三章是对居民行为进行量化和分析。第四章是将前两章空间和行为的分析结果进行整合，得出空间与行为在居民心理和方位上的排序。

第 1 章 空间和居民调查

1.1 调查方法

调查对聚落中的住居进行了统一编号，以便系统地记录调查的数据和信息。为了在调查中可以较为方便地记录调查住居的方位和大致位置，按照聚落中几条道路的划分，以翁丁村的寨心为分界，将翁丁村中101户住居分为了5个区域：西北部为A区，共29户；南部为B区，共27户；东部为C区，共38户；最南部的4个单独的住居为D区，共4户；最北部的3个单独的住居为E区，共3户（图1-1）。各分区中的住居按照位置和空间顺序进行数字递增的编号，其中C区中位置位于C19号和C20号之间的C38号住居为第二次现场调查中发现的新增住居，因此其编号排在了C区的最后。

空间的测绘采用现场测量并绘制平面图的方式，同时通过拍摄记录照片的方式记录空间图像信息。测绘由两个人共同完成，一人主要负责绘制测绘图纸和记录数据信息，另一人主要负责拍照记录和数据测量。

在测绘中使用的尺寸测量工具有：激光测距仪、10m皮尺、7.5m盒尺。测绘中大部分的尺寸测量是使用激光测距仪完成的。激光测距仪拥有测量数据准确快速的特点，但对测量环境也有一定的要求，当光线过于强烈或者测量长度中间有遮挡物时，激光测距仪就无法进行测量。这时使用皮尺或盒尺进行尺寸的测量。

住居的测绘按照以下五个步骤进行：

1）平面配置图绘制

首先根据观察，绘制出住居院落和住居室内的平面配置图（图1-2）。院落配置图包括入口、围墙等院落围合要素，院落中的猪圈、牛棚、水房等饲养和附属房屋及其他特征构成要素以及住居的结构柱网。住居室内配置图包括住居的前室平台、楼梯、门、窗、火塘、晒台、墙体及主要家具。

2）平面尺寸测量、记录

测量住居院落中以及住居室内构成要素的平面尺寸，包括该要素的长和宽；测量住居结构柱网开间的宽度；测量后将测量数据在配置图中相应位置进行标注。

图1-1 翁丁村住居编号图

3）平面构成要素定位

对配置图中各要素进行平面上的定位，包括各要素之间的距离测量以及各要素在平面图中的角度测量。

住居在院落中要素的间距通过测量住居结构柱网最外侧的柱子与院落围墙的距离进行确定。院落中其他构成要素的距离确定，以住居结构柱网中距离该要素最近的一根柱子为参照对象，通过测量该要素与住居最近的一个角点及参照柱之间在住居柱网两个轴线方向上的距离来确定。住居内部的构成要素以住居室内的柱子为参照对象，对构成要素的角点进行定位。

平面构成要素定向是以正北方向为参照，通过构成要素长边或主要轴线与正北方向的夹角记录构成要素的方向。定位的对象主要是院落的入口、围墙、饲养附属建筑和住居。

4）住居室内主要剖面尺寸测量

住居室内剖面尺寸包括入口门、晒台门、窗台、窗洞、梁、火塘等细部结构的竖向尺寸。测量后记录在剖面尺寸统计表中。

5）拍摄照片

在测量和绘制测绘图纸的同时，对相应的空间或对象进行拍照记录。记录照片分为三个部分：第一部分是住居的整体形象，包括住居及院落的整体形象和特征（图1–3）；第二部分是对于住居院落以及住居室内的各个立面，通过连续的立面拍摄记录在一个方向上的构成要素内容和位置关系；第三部分是重要构成要素和节点的记录，如住居院落的入口、围墙、地面，住居内部的火塘、门窗等（图1–4～图1–5）。

居民信息及生活行为情况的调查是通过采访和观察记录的方式进行。在调查前准备了调查清单，借助录音笔和相机进行记录。

在对普通居民的采访中，采用了问卷的形式，内容主要包括每个住居的家庭情况、居住行为内容、位置、住居基本建造信息等。同时问卷上还记录住居室内的配置图以及主要的剖面尺寸（图1–6）。在保证每一户居民都完成调查问卷的基础上，针对翁丁村

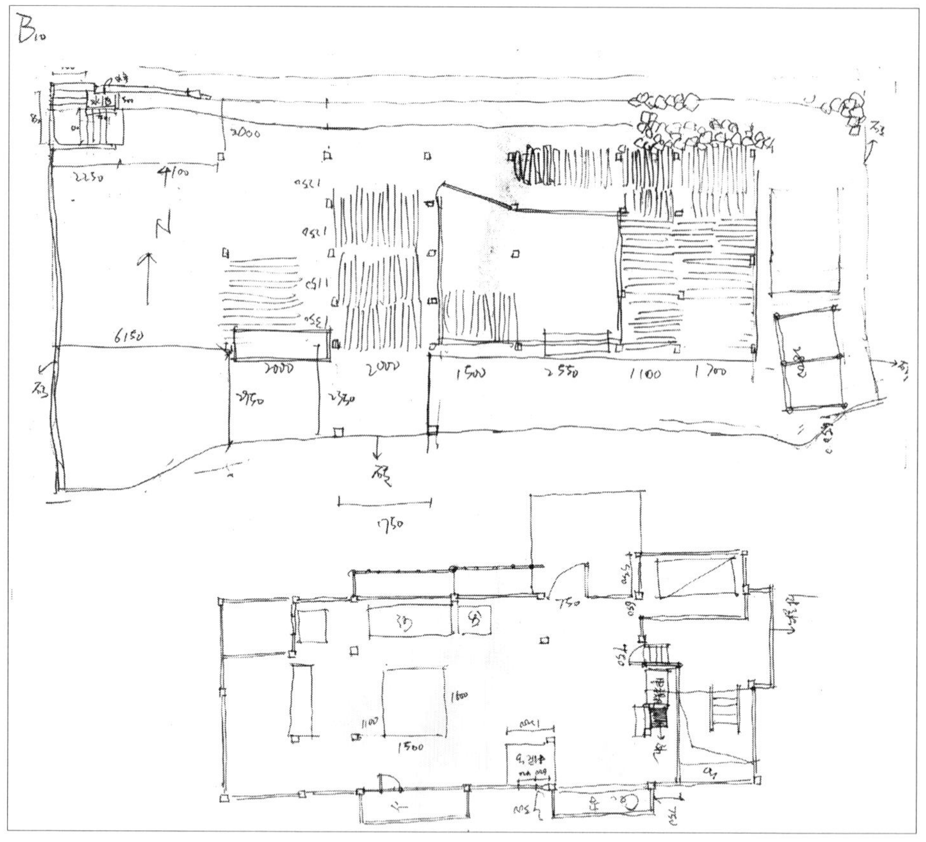

图1-2 住居B10 平面配置测绘图

图1-3 住居B10 整体形象记录照片

图1-4 住居B10 室外及院落记录照片

图1-5 住居B10 室内记录照片

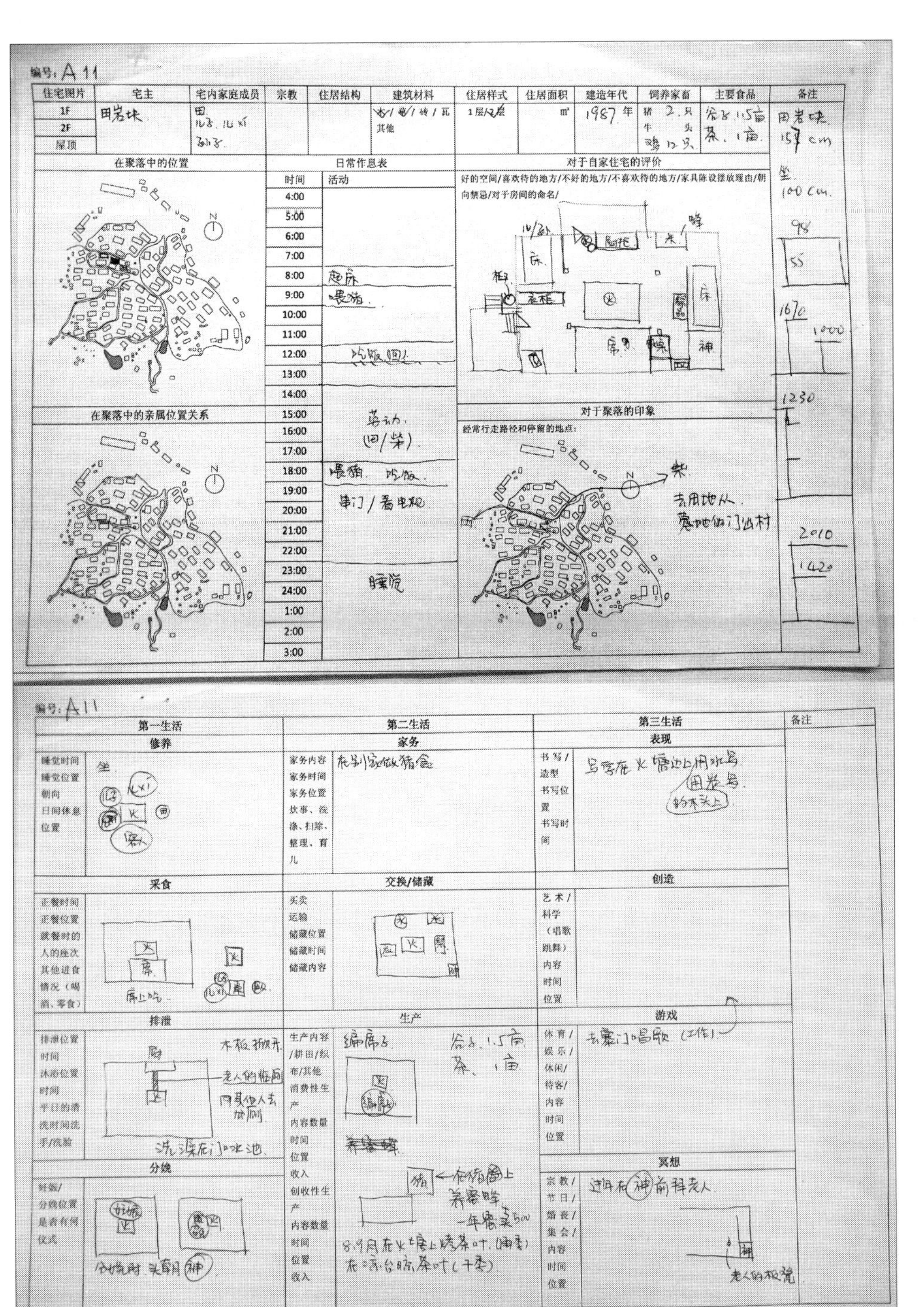

编号：A11

住宅图片	宅主	宅内家庭成员	宗教	住居结构	建筑材料	住居样式	住居面积	建造年代	饲养家畜	主要食品	备注
1F / 2F / 屋顶	田岩块	田 儿子、儿媳 孙子			木/竹/砖/瓦 其他	1层/2层	㎡	1987 年	猪 2 只 牛 头 鸡 12 只	谷子 1.5亩 茶，1亩	田岩块 157 cm 坐 100 cm

在聚落中的位置	日常作息表	对于自家住宅的评价
	时间 / 活动	好的空间/喜欢待的地方/不好的地方/不喜欢待的地方/家具陈设摆放理由/朝向禁忌/对于房间的命名/

时间	活动
4:00	
5:00	
6:00	
7:00	
8:00	起床
9:00	喂猪
10:00	
11:00	
12:00	吃饭(回)
13:00	
14:00	
15:00	劳动
16:00	(田/茶)
17:00	
18:00	喂猪 吃饭
19:00	
20:00	串门/看电视
21:00	
22:00	
23:00	
24:00	睡觉
1:00	
2:00	
3:00	

在聚落中的亲属位置关系

对于聚落的印象

经常行走路径和停留的地点：

编号：A11

第一生活	第二生活	第三生活	备注
修养	家务	表现	
睡觉时间 睡觉位置 朝向 日间休息位置	家务内容 家务时间 家务位置 炊事、洗涤、扫除、整理、育儿：在别家做猪食	书写/造型 书写位置 书写时间	
采食	交换/储藏	创造	
正餐时间 正餐位置 就餐时的人的座次 其他进食情况（喝酒、零食）	买卖 运输 储藏位置 储藏时间 储藏内容	艺术/科学（唱歌跳舞）内容 时间 位置	
排泄	生产	游戏	
排泄位置 时间 沐浴位置 时间 平日的清洗时间洗手/洗脸：洗澡在门口水池	生产内容/耕田/织布/其他 消费性生产 内容数量 时间 位置 收入 创收性生产 内容数量 时间 位置 收入：编席子；谷子 1.5亩 茶 1亩；在猪圈上养蜜蜂 一年卖蜂蜜 500；8、9月在火塘上烤茶叶(油茶)，在洗台晾茶叶(干茶)	体育/娱乐/休闲/待客/内容 时间 位置：去寨门唱歌(工作)	
分娩		冥想	
妊娠/分娩位置 是否有何仪式：分娩时头朝神		宗教/节日/婚丧/集会/内容 时间 位置：过年在神前拜老人	

图1-6 住居调查表(A11)

图1-7 翁丁村所处的地理环境

图1-8 翁丁村全景

中一些重点人物进行重点采访。如在对翁丁村中的寨主、建筑师、魔巴（宗教活动的主持者）、老人的采访中，除了通过对提前准备的问题进行询问外，还对翁丁村居民在住居建造、聚落历史、聚落居民家族关系、居民民族习俗、宗教活动等相关的信息进行了了解。

1.2 空间的调查

1.2.1 宏观聚落空间

翁丁村聚落空间的调查是聚落空间分析的基础，也是在调查中花费较多时间的一项工作。在结合相关文献查询和第一次调查所绘制的总平面图基础上，对翁丁村中的全部住居、主要公共空间进行了详细的平面图纸测绘工作。

1. 自然地理情况

翁丁村位于东经99° 05 ~99° 18 ，北纬23° 10 ~23° 19 ，海拔1500m，隶属于云南省临沧市沧源佤族自治县勐角傣族彝族拉祜族乡，距离沧源县县城33km，距离临沧市临翔区233km。翁丁村地处云南省西南边境处，属于亚热带和热带立体气候类型。境内气候温和，年均气温为22℃，1 月最冷，平均气温为10.8℃；5 ~8 月较热，平均气温为21.6℃。翁丁村雨量充沛，年平均降水量为1755.9mm。历年平均霜期为48 天，无霜天长达317 天。翁丁村的行政管辖范围包括老寨、新寨、水榕寨、大寨、桥头寨、新牙寨。本书中的翁丁村即是翁丁大寨 。

翁丁村所处位置地势东高西低，东侧为海拔2605m 的窝坎山，翁丁位于窝坎山西侧山脚的一块突出的半岛形状的地形上（图1–7、图1–8）。村子东侧边界最高处约比西侧边界最低处高出20 余米(图1–9、图1–10）。翁丁村的周围被各种植被围绕，主要以榕树为主。榕树在村子周边形成了外围的边界。在调查中经向居民询问得知，这些榕树最早在300 多年前建立翁丁村时便已经开始种植，同时种植榕树也与佤族自然崇拜的宗教信仰有关。根

图1-9 从西南侧低处向东北看翁丁村景象

图1-10 从东侧高地上鸟瞰翁丁村

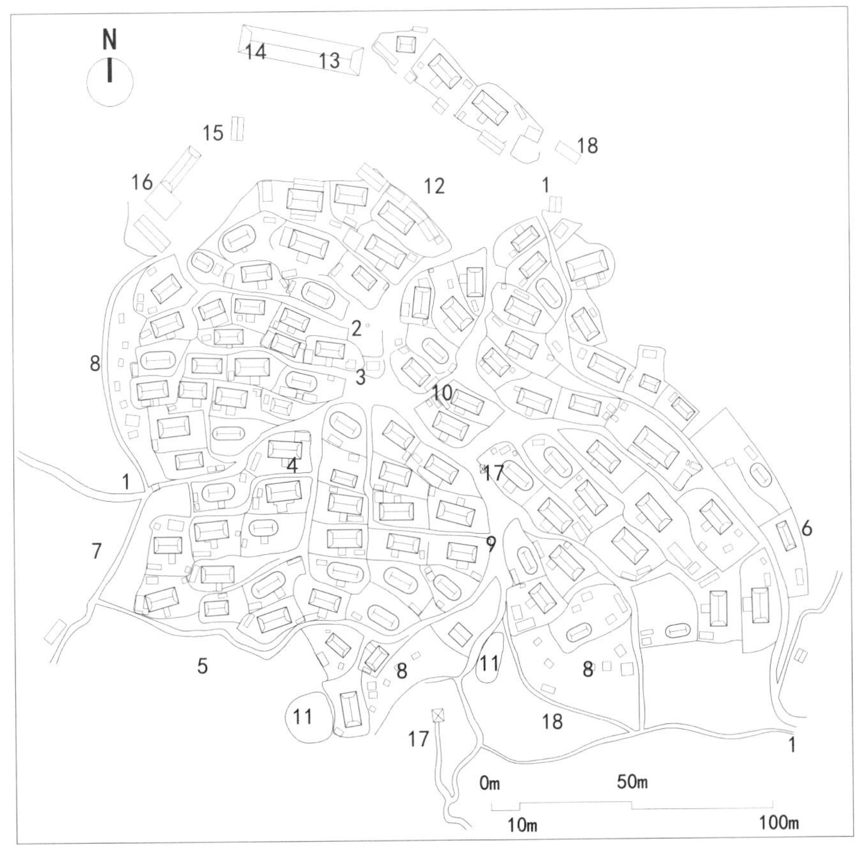

1. 寨门
2. 寨心
3. 撒拉房
4. 居民住居
5. 人头桩
6. 神林
7. 墓地
8. 谷仓
9. 道路
10. 水沟
11. 蓄水池
12. 打歌场
13. 接待中心
14. 博物馆
15. 佤王府
16. 木鼓房
17. 观景台
18. 公共厕所

图1-11 翁丁村总平面配置图

据佤族的《司岗里》传说中的记载，莫伟（佤族神话中万能的神灵）对佤族祖先岩佤说“凡有大榕树的地方就是你的住处”。所以佤族居民又把榕树视为神树种植在居住地周围。

2. 聚落构成要素及布局

翁丁村的聚落空间构成分为两个部分：一个部分是传统聚落的构成要素，由翁丁村居民根据自己的生活和文化建造；另一个部分是由于近年翁丁村开发旅游所建立的公共广场和展览服务设施等。

在整个聚落的宏观层面，翁丁村的传统聚落的构成要素包括寨门、寨心、居民住居、人头桩、神林、墓地、谷仓、道路、排水沟、水池，而为了配合开发，修建了打歌场、接待中心、博物馆、佤王府、木鼓房、观景台、公共厕所（图1–11）。

1）寨门

翁丁村有三个寨门，分别开在西、东北和东南三个方位。其中西侧寨门原是翁丁村居民的主要出入口（图1–12）。东北的寨门与外部的道路相连，使东北部的寨门成为现在翁丁村最主要的出入口（图1–13）。东北和西部的两个寨门用木头搭建，门上覆以茅草顶。东南部的寨门属于翁丁村一个辅助的出入口，在出口处设有用竹竿搭建的传统的寨门作为标识（图1–14）。

2）寨心

寨心位于翁丁村聚落的中心位置，寨心的中央是祭台（图1–15）。祭台在佤语中称为“广姆”（音译），使用竹竿作为支撑，顶端挂有雕刻的船、鱼、燕子的图腾符号。祭台是佤族人定寨的祖台，因此每逢节日，居民就会围绕祭台举行祭祀活动。在祭台的南边是撒拉房（图1–16），紧邻祭台所在的广场。撒拉房是翁丁村居民传统生活中重要的公共社交场所，是居民晚间活动的主要去处，也是佤族青年男女聚会的地点。居民聚在撒拉房，聊天、唱歌、跳舞。

3）居民住居

每户居民的家都包括一栋住居以及住居周围围合起来的院落（图1–17）。居民住在住居内部，院落中进行一些辅助的生产生活活动。翁丁村中的住居围绕着中央的祭台分布，是翁丁村聚落构成的主要要素。

4）人头桩

人头桩是佤族的猎人头风俗的产物，佤族居民将猎来的头骨挂与人头桩上（图1-18）。人或动物头是传统佤族风俗中祭祀活动的主要祭品也是现实村落实力的主要表现。随着佤族风俗与现代文明相互融合后，猎人头的风俗已经被废除，但仍保留了用以挂祭祀头骨的人头桩，而悬挂的头骨则为祭祀用的牛头骨。

5）神林

榕树对于翁丁村的佤族居民来说是神树，对于树木的崇拜是佤族信仰当中自然崇拜的一部分。村中不同姓氏家族的居民会集中种植属于各自家族的榕树，居民称之为家树。过年或特殊的忌日时，只有该姓氏的居民才可以祭拜各自的家树。家树聚集的地方被居民称之为神林（图1-19）。翁丁村的神林设置在东北方向的村子边界附近，神林区域的入口处有牛头桩。神林中最大的也是最老的树是寨主家的家树。相传翁丁村是约300年前由杨姓佤族居民所建立，村子的寨主也一直是由杨姓的居民世袭继承，寨主家的树即为杨家树。

6）墓地

翁丁村的墓地分为两个部分，都位于聚落的西边，一个是正常死亡居民的墓地，距离村寨较近，另一个是非正常死亡的居民的墓地，距离村寨较远。墓地的设置与佤族居民对待死亡的观念有关。佤族认为正常死亡的人可以成为“祖”，祖先给居民带来保护。而非正常死亡的人，也就是凶死的人会变成“鬼”，如果不妥善地对待凶死的人，会给其他居民带来灾祸。正常死亡居民的墓地是一个坡地（图1-20），在墓地中并不设立墓碑，也没有明显的标志物表明居民埋葬的位置和信息。通过和居民的交流了解到，在葬礼中，居民会将棺材顺着斜坡推下，在最终棺材停止的地方将死者埋葬。

7）谷仓

翁丁村中的谷仓主要集中在村子的西部和南部（图1-21）。居民主要的食物是稻

1-12	1-14
1-13	
1-15	1-16

图1-12 东北寨门
图1-13 西寨门
图1-14 东南寨门
图1-15 寨心
图1-16 撒拉房

1-17	
1-18	1-19
1-20	1-21

图1-17 居民住居
图1-18 人头桩
图1-19 神林
图1-20 墓地
图1-21 谷仓

	1-23
1-22	1-24
1-25	

图1-22 道路
图1-23 水池
图1-24 打歌场
图1-25 观景台

米，谷仓是每家都必不可少的储藏空间。据翁丁村中老人讲述，最初翁丁村的佤族居民将谷仓放置在自己的住居院落中，但由于居民生活对于火的频繁使用，同时建造的住居又都采用的是较为易燃的材料，所以很容易发生火灾。住居可以重建，但粮食烧毁后就无法复得，所以后来，大部分居民便将存放粮食的谷仓集中安置在聚落周边的区域，防止因住居着火导致谷仓和粮食被波及。现在翁丁村中仅有极少部分居民仍然将谷仓安置在自己住居周边或住居院落内。

8）道路

翁丁村中有明确的公共道路，道路根据地形，与村中住居的院落紧紧结合。主要道路是由石头铺设的（图1-22），较为宽敞和平坦，支路和小路以泥土路居多，较为窄小并且多为尽端路，路的尽头直接连接某一户居民的住居。

9）排水沟

排水沟主要用于翁丁村居民生活污水的排出，排水沟沿地势连接了村中每一户住居，最后从地势较低的西南侧排出。

10）水池

翁丁村南部有两个水池，西侧的较大，直径约20m（图1-23），为消防用的蓄水池，东侧的较小，直径约5m，作为储存山上山泉的生活用水蓄水池。

翁丁村新建有打歌场（图1-24）、接待中心、博物馆、佤王府，木鼓房、观景台（图1-25）、公共厕所。其中接待中心、博物院曾是翁丁村的小学所在地，佤王府曾是原村委会所在地。

3. 排水系统

翁丁村中的排水沟用于将翁丁村居民生活污水排放出村寨。排水沟整体顺应地势，从北向南汇集到三条主要的排水明沟里，最后由翁丁村的西南方向将污水排出村寨（图1-26、图1-27）。北部寨口附近的C10、C17、C18 住居通过一条单独的水沟将污水排出村寨。E01、E02、E03、D04 住居通过自家单独的排水道将污水排出村寨。

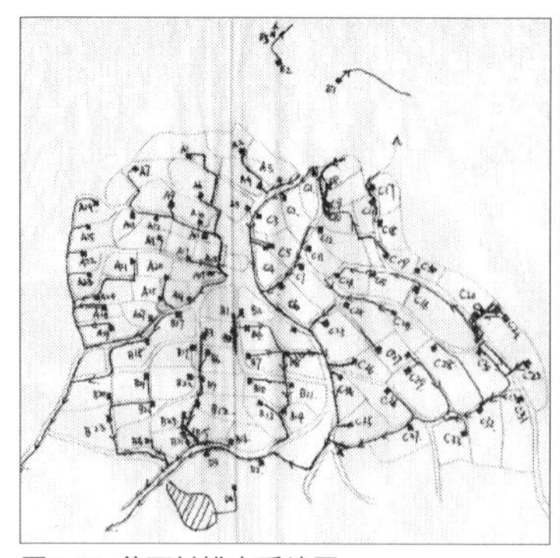

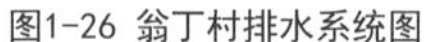
图1-26 翁丁村排水系统图

图1-27 排水沟

4. 道路系统

翁丁村共有大小路径24 条（图1-28、表1-1）。其中，主要道路有11 条，道路没有尽端，主要功能是连接寨门、寨口、祭台或其他道路（用字母R 表示）；辅助道路有8 条，道路有尽端，一般直接通向某一住居院落的入口（用字母r 表示）；与外部连接的道路有5 条，连接各个寨口或小路（用字母f 表示）（图1-29~ 图1-32）。几条主要道路经过寨心，连接各寨门、宅口，将翁丁村划分成三块大的区域，大小道路相互连接，连通每户住居。

1.2.2 中观聚落空间

翁丁村中观层面的调查针对的是居住空间中的主要组成部分——住居院落。调查了每一户住居院落中住居建筑的建造年代、建筑层数、屋顶样式、建造材料，住居院落的构成要素。

1. 住居的基本情况

住居基本情况包括各个住居的建造年代、建筑层数、屋顶样式和建筑材料。对于翁丁村住居基本情况采用在各户住居中对居民进行采访询问的方式。

对于住居基本情况的调查，共获得了翁丁村全部101 户住户中98 户住居建造年代的数据，D01、A21、A24 住居中由于无人居住和无法较为准确地获得住居建造时间所以缺少建造年代数据。根据调查的结果，翁丁村目前的住居修建于1980~1989 年的住居有6 户；修建于1990~2009 年的有23 户；修建于2000~2009 年的有67 户，其中修建于2000~2004 的有40 户，修建与2005~2009 年的有27 户；2010 年后修建的有2 户。翁丁村现存住居中建于2000~2009 年的居多。从住居建造年代的分布，可以发现多数的老房子大多集中在村子的西边，即编号A 的区域内（图1-33）。据村中年纪较大的居民讲述，翁丁村20 世纪60 年代和80 年代曾发生两次重大的火灾，几乎将村中所有的建筑物烧毁。

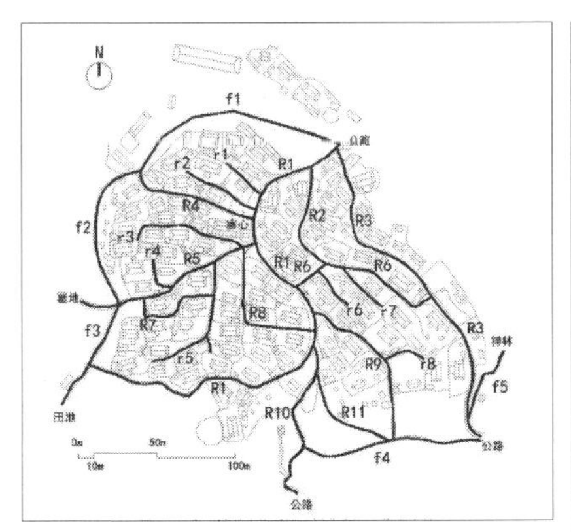

道路信息 表1-1

道路编号	上端连接	长度（m）	下端连接
R1	寨口	332.3	寨口
R2	寨口	68.9	R6
R3	寨口	218.9	寨口
R4	寨心	83.6	f1
R5	寨心	96.6	寨口
R6	R1	101.4	R3
R7	R5	61.3	r5
R8	寨心	91.1	R1
R9	R1	106.9	f5
R10	R1	108.1	寨口
R11	R9	69.0	f5
r1	R1	29.5	住居A1
r2	R1	51.4	住居A7
r3	R5	76.4	住居A23
r4	R5	25.6	住居A24
r5	R5	84.9	住居B23
r6	R6	29.2	住居C27
r7	R2	35.7	住居C28
r8	R9	26.9	住居C32
f1	R4	239.3	寨口
f2	R4	100.4	寨口
f3	寨口	42.9	寨口
f4	R10	116.8	寨口
f5	R3	51.3	神林

1-28	
1-29	
1-30	
1-31	1-32

图1-28 翁丁村道路图
图1-29 寨心附近的R4
图1-30 辅助道路r1
图1-31 连接寨门的R3
图1-32 交通寨门与寨心的R1

固翁丁村中现存住居均为火灾后修建的房屋。

在对建筑层数的调查中，得到了全部101户的住居建筑层数数据。在翁丁村中2层的住居有87户，1层的住居有14户。可见翁丁村中大部分住居为2层，2层的住居中一层均为架空处理。从建筑层数的分布状况，可以发现1层的住居主要分布在村子的边界周围（图1-34）。这源于佤族居民分家的生活习惯（图1-35），1层的住居通常为刚刚分家的年轻居民或单独生活的老年居民居住（图1-36）。在习俗中，只能修建1层的住居，待有足够的经济实力后会再重新建造2层的住居，所以1层的住居是一种过渡状态。

翁丁村住居的屋顶可以分为两种样式：一种屋顶平面呈现矩形平面，简称为方顶；另一种屋顶平面为椭圆形，简称为圆顶。整个村子中圆顶住居有22户，其余均为方顶住居（图1-37）。根据居民肖艾新讲述，翁丁村住居房屋的屋顶分为新旧两种，方顶为较新的形式，椭圆顶为较老的屋顶形制，除了形状不同以外，屋顶的坡度也有所区别（图1-38、图1-39）。

新式的屋顶一般坡度较缓，老式的屋顶通常坡度较大，住居屋顶的坡度是由横向的主梁与架在主梁中心上的中柱的差值决定的。设中柱的高度为H，横向主梁的一半长度为L，H与L的差值为h，屋顶坡面的长度为a，a与h的比值居民称之为几分水。即$a:h$为3:1时，屋顶坡度为三分水。根据居民肖艾新讲述，较新的屋顶都是横梁比中柱要长，坡度在三分水到五分水之间，较老的屋顶均是中柱长于横梁，坡度在七分水到九分水之间（图1-40~图1-43）。全部101户住居中绝大多数住居采用了新式的屋顶，只有14栋住居采用了老式的屋顶。而结合建造年代可以发现这些老式屋顶的住居绝大多数建造于2000年前。

翁丁村中大部分的住居建筑材料为木、竹、茅草。据当地人讲，木料主要采用的是翁丁村居民自己种植的栗树。栗木在翁丁村住居中是主要的建筑结构部件，通常用于梁、柱、门窗框、墙体等部位。竹子在翁丁村住居当中主要用于围护部件，铺设地面，覆盖墙面等。茅草是翁丁村住居屋顶的使用材料。翁丁村中只有A28和D01是以砖为主

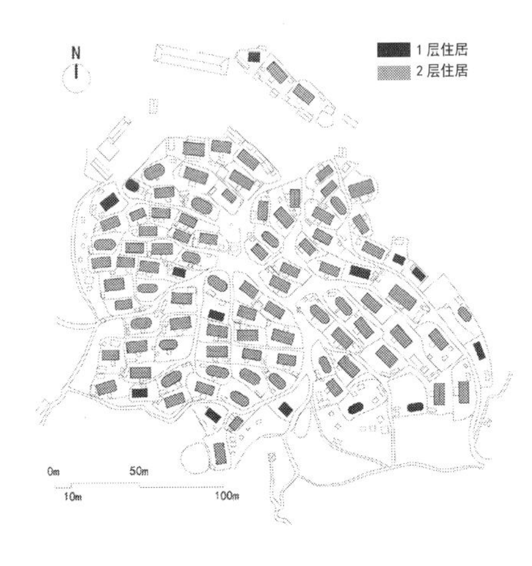

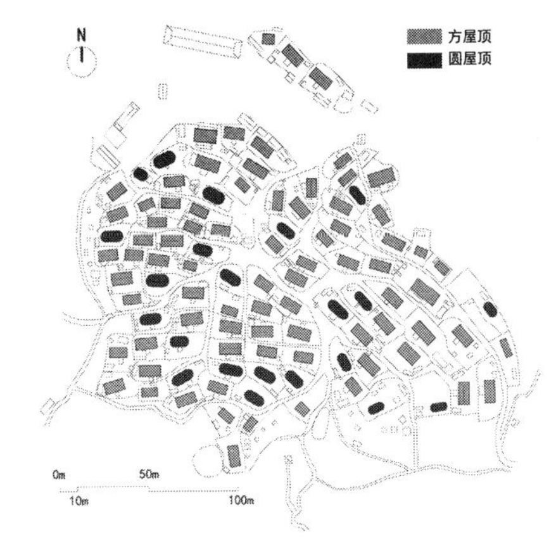

1-33	1-35
1-34	1-36
1-37	

图1-33 住居建造年代分布图
图1-34 住居层数分布图
图1-35 2 层住居A17
图1-36 1 层住居D04
图1-37 住居屋顶样式分布图

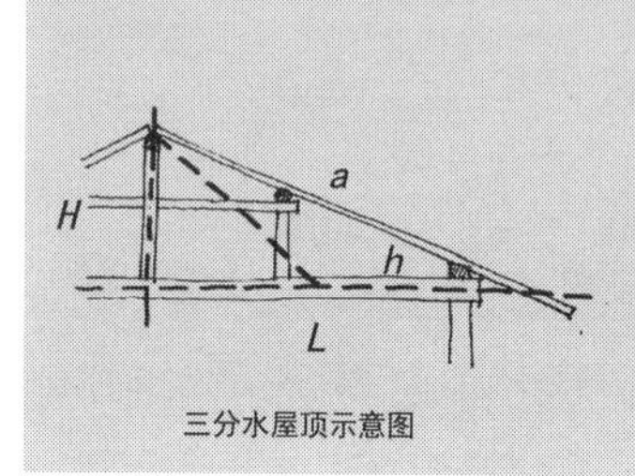

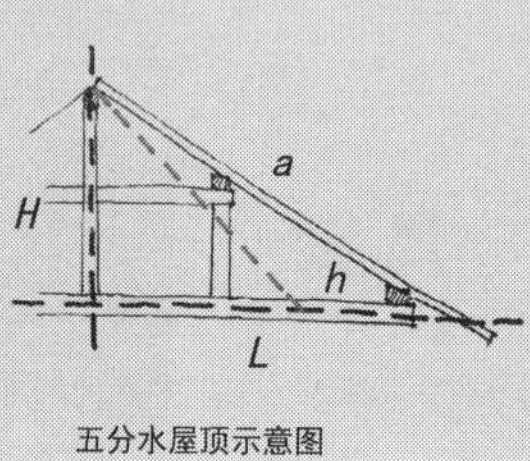

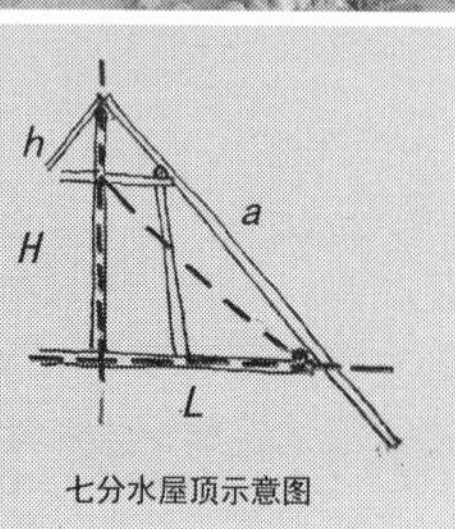

图1-38 建于1983 年的住居A07

图1-39 建于2011 年的住居A26

图1-40 屋顶坡度示意图

图1-41 住居B02 的三分水方屋顶

图1-42 住居C31 的五分水方屋顶

图1-43 住居C34 的七分水圆屋顶

要材料修建的住居，经过对居民的采访调查，村民修建砖房主要是因为经济原因，砖房要比建造佤族传统的木结构房屋造价低。

2. 住居院落的构成及布局

对翁丁村101户住居进行的测绘主要分为两个部分：一部分是住居的院落部分，另一部分是住居室内部分。在对全部住居进行测绘后，发现翁丁村住居院落的基本构成要素包括：院落的入口，围墙，住居，晾晒粮食作物的晾晒空间，居民生活的用水空间，储藏粮食，干柴和生产工具等的储藏空间，饲养牲畜的饲养空间，种植植物、蔬菜等作物的种植空间。其中少部分住居院落中设有谷仓、车棚、厕所，为了接待游客，极少数居民的住居院落中修建了商店、客房、观景台等非传统聚落空间要素。

1）院落入口

翁丁村中住居院落的入口分为两种。一种是篱笆形式的入口，入口处设置有用竹子编制而成的门，固定在木质的轴上，或者不设置可打开的门，仅用3~4根柱子并排绑在一起做成高门槛，一些住居在门槛或栅栏门前摆放有石头作为跨越门槛或门的台阶。住居院落入口的高度普遍在60~80cm，宽在1~1.5m。这种院落入口的形式是翁丁村居民采用的普遍形式。另一种是拱门形式的，居民用三角梅、仙人掌、竹子等植物组合编制成一个门框，门框下有些也设有竹子编制的篱笆形挡板。高度大约在1.8~2m，宽度在1~1.5m。通过调查可以发现，翁丁村中院落的入口并不是主要考虑人的通行以及住居防盗的安全问题，设置入口的方式和尺寸主要考虑的是为了阻拦家中的牲畜不会轻易地走到院子外面。

2）院落围墙

与住居院落的入口相同，翁丁村中住居院落的围墙也并没有过多的防盗作用，只是具有划分出院落空间，并且阻拦牲畜的作用。围墙有两种建造方式：一种围墙是自然地形形成的墙体。居民在修建住居时，消除场地坡度形成的地形落差成了天然的院落边界。这类围墙根据场地情况不同高度各不相同，大致2~4m。另一种是居民用石块堆垒或竹子编制的篱笆围墙。此类围墙的高度与篱笆入口的高度基本一致，用于在没有高差的地方划分院落的空间与聚落中的公共区域。

3）住居

在之前的宏观调查中，已经对住居的建造年代、层数、材质等进行了说明。在中观层面的调查中，从院落空间的角度对住居房屋进行观察后发现，翁丁村中全部101户居民的住居，均为院落中面积和体量最大的房屋，住居建造的位置通常位于院落中偏心的位置，设置在远离院落入口一侧。

4）晾晒空间

晾晒空间是居民晾晒粮食作物、衣服、柴火等生活物品的区域，通常设置在紧邻院子入口的位置或选择在院子中朝向南方或不会遮挡阳光的地方（图1–44）。在晾晒空间中有的居民会设置晾衣竿用于晾晒衣物，一些居民由于自家住居的位置及周边树木的关系，会在院子中搭建一个单独的平台，作为晾晒空间的补充。

5）用水空间的调查

用水空间是住居院落内水源及下水所在的区域，用水空间与院落周围的排水沟直接相连，通常设置在院子的入口附近。翁丁村目前已经连通了自来水系统，所以居民用水已经不必再在原来村子南边的水池进行取水，生活用水直接接入每一户居民的院子中。住居院落中的用水空间分为室外用水空间和室内用水空间。室外用水空间的构成主要包括水龙头以及当作水槽使用的石板或水泥板，石板或水泥板的大小决定了用水空间的大小(图1–45）。室内用水空间是居民在院落中的用水位置上自行搭建的房屋(图1–46）。

6）储藏空间

在住居的院落当中，居民会存放各种生产生活用品。居民通常将柴草储藏在院落当中，居住在二层住居的居民将干柴存放在住居一层架空的区域内（图1–47）。居住在一层住居的居民会将干柴存放在住居外墙周边、屋顶可以覆盖的范围内（图1–48）。经过推断和与居民的采访证实，柴草的储藏位置，主要考虑的是翁丁村夏季天气干燥、炎热，柴草容易出现自燃的情况，因此居民选择将柴草存放在一层或屋檐下这些可以避免阳光直射的地方。

7）饲养空间

牲畜饲养是翁丁村居民的主要生产活动之一。调查发现，居民会在院落中饲养猪、牛、鸡、鸭、猫、狗。对于不同的饲养物种，居民修建了不同的饲养空间。翁丁村中较为传统的饲养方式是将牲畜饲养在住居一层的架空空间中，但目前已较少采用这种饲养方式，而是在院子中搭建独立的猪圈或牛棚。猪圈和牛棚通常使用木头搭建，上面覆以茅草顶（图1–49、图1–50）。很少一部分居民家中饲养鸡，临近水塘附近的居民饲养鸭子，鸡、鸭饲养在专门制作的木笼中，居民普遍将木笼放置在住居一层的架空空间中或住居进入室内的前室平台下方。

8）种植空间

种植空间是翁丁村居民在院落中种植作物的空间。种植的作物主要有芭蕉、仙人掌、三角梅、红薯。院落中种植的作物以及位置与佤族的风俗有着紧密的联系。对居民肖岩新的采访了解到，翁丁村的佤族居民在传统的观念中认为在自己居住的院子里种植作物是不吉利的事情，会招来灾祸，极少一部分居民由于耕地较少，家境贫困，所以不得不在院子中种植一些自己食用的蔬菜（图1–51）。居民在院子中所种植的作物都有着各自的用途：芭蕉作为翁丁村佤族居民祭祀食用的物品可以种植在院子中；仙人掌和三角梅因其茎上带有尖刺，被认为具有辟邪、驱鬼的功能，被种植在院子的入口及边界处；红薯及红薯藤搅碎作为饲料喂养牲畜。

9）附属空间

调查发现，一些居民会在院子中搭建简易的木板房或棚子来存放农机具、摩托车、剥谷机等机械，极少数家中还保留有谷仓或设有厕所。各个功能并不具有普遍性，但都属于村民自行搭建的辅助性功能房屋，因此统一归为附属空间，此类空间的搭建并无特别的规律性，村民根据各自院落的情况自行修建完成。

1-44	1-46
1-45	
1-47	
1-48	

图1-44 住居A16的晾晒区域

图1-45 住居A13的水池

图1-46 住居A19院落中的水房

图1-47 住居B6在住居一层存放木柴

图1-48 住居C38在屋檐下存放干柴

1-49 | 1-50

1-51

图1-49 住居B25 的猪圈
图1-50 住居A24 一层的牛棚
图1-51 住居A27 院落中的菜地

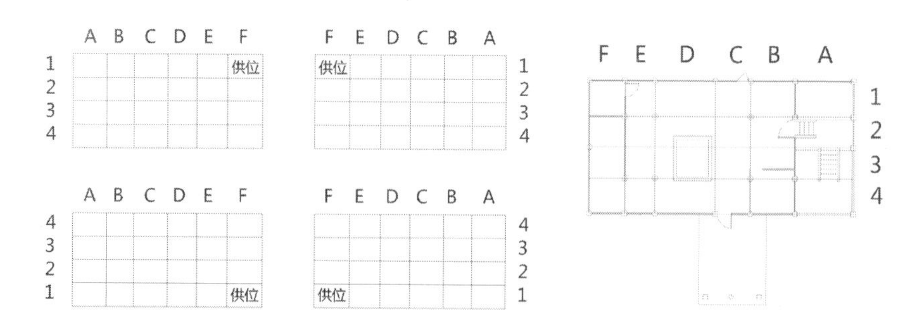

图1-52 住居柱网调查编号图

图1-53 典型的6×4 柱网住居示意

1.2.3 微观聚落空间

翁丁村微观层面聚落空间的调查是针对住居内部空间的调查。住居内部并不仅指住居的室内，还包括在空间上与住居室内紧密联系在一起的部分。调查内容包括住居内部平面上的空间划分，功能的布局，结构样式，室内门、窗、火塘等构造细部的调查。

1. 住居内部结构体系

翁丁村101 栋住居建筑中，有99 栋住居采用的是用木头作为柱子和梁组成的框架体系（图1-54~图1-59）。只有A28 和D01 住居为砖搭建的砌体结构，由此可见用木头搭建的框架体系是翁丁村中住居普遍的结构形式。在对住居配置图的观察中，发现住居中柱子的排布具有较为清晰的网格体系，为了便于分析和比较，对翁丁村中住居的结构柱网进行了编号。通过将柱网结构与住居内的空间进行比对，发现在住居内部的空间中供位的位置是相对固定的，总是处于住居柱网的一角，并且都会占据一个单独的结构网格，供位与住居入口的方向上总是住居较长的一边。所以在对柱网结构的分析中，将供位作为参照对象，将住居内部与供位同在一条长边并且与供位距离最远的一颗柱子作为起始点。起始点与供位连线方向的柱间连线宽度为开间宽度，每段开间自起始柱起分别设为A、B、C、D、E……；与起始点和供位连线垂直方向的柱间连线距离为进深，每段进深自起始点起分别设为1、2、3、4……（图1-52）。

对99 个框架结构住居的结构柱网进行编号和统计后，发现翁丁村中住居的结构柱网样式共有11 种：① 8 开间4 进（简称8×4）；② 7 开间4 进（简称7×4）；③ 6 开间4 进（简称6×4）；④ 5 开间4 进（简称5×4）；⑤ 5 开间3 进（简称5×3）；⑥ 5 开间2 进（简称5×2）；⑦ 4 开间4 进（简称4×4）；⑧ 4 开间3 进（简称4×3）；⑨ 4 开间2 进（简称4×2）；⑩ 3 开间2 进（简称3×2）；⑪ 2 开间3 进（简称2×3）。在翁丁村中最为普遍的柱网结构体系为6×4 的结构柱网，共有62 栋住居采用这种柱网布局（图1-53）。

1-54	1-55
1-56	1-57
1-58	1-59

图1-54 住居入口的楼梯
图1-55 住居的木头柱子以及柱子下的石头柱础
图1-56 支撑住居地面的梁
图1-57 木质屋架
图1-58 柱子与屋架檩条的连接
图1-59 柱子与屋架、梁的连接

2. 住居内部空间划分

在翁丁村101户住居当中，共对99户住居进行了测绘，其中A21和D01住居中因无人居住，所以无法进入到住居内部进行调查和测绘。

调查后统计得出，翁丁村以二层住居为主，住居内部具有明确界限的空间包括：进入住居的前室平台、居民日常生活活动的起居室、作为祭祀活动所设置的供位空间、在室内通过墙进行分隔的内室、室外的晒台。其中起居室、供位、内室组成了住居的室内部分。前室平台是位于屋顶下的半室外空间、晒台位于住居室外，并延伸至屋顶覆盖的范围以外。而作为临时性住居存在的一层住居中，不存在与住居相连接的前室平台与二层晒台。

1）前室平台

前室平台是从地面进入到住居二层的室内空间的一个过渡的半室外空间（图1-60）。平台通常处于地面与二层地面之间一半的高度上，有两个台阶分别连接地面和平台以及平台和室内的入口门。前室平台的宽度通常为住居面宽的一半，且长度不超过屋顶覆盖的范围。平台主要用于存放居民的生产工具和生活物品。1992年出版的《云南民居（续篇）》一书中，有对于佤族住居的描述，其中大部分佤族的民居前室平台是一部分在屋顶内，一部分在屋顶外的形式，而翁丁村的佤族住居中的前室平台完全在屋顶的范围内。经过对居民的采访了解到，这样的形式是受到附近傣族民居将进入室内的前室放在屋檐范围内的建造习惯的影响。

2）起居室

起居室是住居内的最主要的活动空间，是居民室内日常活动的主要区域（图1-61），起居室的中间设置有火塘，室内根据方位划分有会客、餐厨、储藏等不同的功能区域，根据功能的不同，存放不同的物品和家具。同时，起居室直接与作为主人卧室的内室和用于祭祀功能的供位空间以及室外相连。

3）供位

供位是翁丁村佤族居民为了祭祀而在住居室内设置的一个单独的小隔间。供位的高度普遍只有70~80cm，近似于人蹲在地上的高度。在佤族人的心中这个小隔间具有非常神圣和崇高的位置，只有每年新年祭祀的时候，家中的男主人可以进入内部进行祭祀活动，平时供位的门一直是关闭着的，任何人都不能进入，家中的女性以及外来的客人更是不能随便靠近。大多数的翁丁村居民会在供位门口放置供客人落座的圆凳和放置热水、茶叶的茶桌，也是作为一种对神圣的供位区域的保护和间隔（图1-62）。

在1992年出版的《云南民居（续篇）》（王翠兰、陈谋德主编，中国建筑工业出版社出版）中，将佤族民居室内这个祭祀空间称为供神处，在翁丁佤族的观念世界里，有一个由神、祖、鬼、魂共同构成的超自然知识体系（吴晓琳《仪式、超自然知识及社会整合——翁丁佤族叫魂活动的人类学阐释》）。从对翁丁村居民的采访了解到，这个位于住居角落的隔间是尊重和祭拜祖先的地方。在这个单独的隔间内，祭拜的并不是单一的对象，包含着神圣的神、由人转变的祖先和鬼。将其称为神位或供神位并不能全面地说明这个隔间在佤族人心中地位和作用。本书用行为的名称代替行为对象的名称将其命名为“供位”，希望可以较为清楚地表达空间的功能以及在佤族人生活中的地位。

4）内室

内室位于住居室内的中轴线上。翁丁村中住居的内室通常是与起居室用一道木板墙隔开。墙正好卡在两个由一层延伸上来的柱子中间，内室的一端紧挨着祭祀用的供位空间，在远离供位的一端有一个开口，作为进出内室的出入口。出入口的位置并没有设置门或其他隔断空间的装置，而是完全开放的状态。内室作为住居中的主卧室，是家中的主人或是老人、长辈睡觉的地方（图1-63）。在实际使用中，有些住居中的老人由于身体原因，将睡觉的地方移到起居室内，而将内室作为储藏室。

3. 住居内部功能分区

翁丁村住居室内有明显的起居室、内室、供位三个明显划分开的空间，但在实际的使用中，并没有在空间上的物理分隔，但是从使用功能上有着明确的区分，在对住居室内的使用功能及分区的调查中，包括翁丁村中各户住居中包含的功能，各功能在住居内所在的区域和分布规律。

对翁丁村住居进行调查后发现，所有的住居内部的功能设置有着较为明确和统一的规律。在空间划分中，供位具有明确清晰的功能和空间划分，布置在与住居入口相对一侧的角上，在供位旁边是内室，内室的一侧设置有开口与起居室相连。起居室为一个较完整的空间，但根据不同的方位设置有不同的功能区域：在住居起居室的中间位置设置有火塘，火塘并不是在住居平面的正中心，而总是偏向远离住居入口的一侧，降低火塘熄灭的可能，同时也给入口和供位一侧留出更多的空间。火塘的另一侧是作为厨房使用的空间，起居室的角落是作为堆放生活物品的区域，在供位的入口处，存放的是热水、茶具、茶桌和客人用的椅子，在入口处放置的是生活用水、水桶、生产工具、食用的蔬菜或作为猪食的饲料等，在内室入口处摆放储存日常食用稻米的米柜。

在对村中作为“建筑师”的肖艾新采访后，了解到翁丁村居民对内室空间的使用习惯。翁丁村的佤族居民对内室中的不同区域有着明确的划分，主要是以火塘作为划分区域的参照物。供位和入口一侧为“火塘上面”，另一侧为“火塘下面”，火塘与内室之间的区域为“主人区域”。

“火塘上面”：佤语发音为“DangLai”，主要是指火塘在供位或入口一侧起居室内的区域。“火塘上面”是进行对外和公共活动的区域，居民在这个区域里最内侧的供位进行祭祀活动，存放祭祀用的物品、茶具，在火塘旁边接待客人、就餐，在入口旁边存放生产劳动的工具，储存生活使用的生水和猪食。在住居A07家中，室内设置有两个火塘，一个位于住居中心，另一个设置在入口附近。肖艾新介绍，这个火塘是家中的次火塘，是用来煮猪食用的。次火塘本来是每家都会设置的，但由于政策对森林的保护，使得每家的木柴有了限制，所以几乎所有的居民都拆掉了家中的次火塘，这个区域的功能变成了堆放喂食牲畜的饲料和劳动工具，以及存放未煮熟的生水。

“火塘下面”：佤语发音为“DangSai”，主要是指火塘在内室入口一侧的区域。“火塘下面”是居民进行家庭内部活动的区域，居民在这个区域内存放粮食、进食、就寝，存放衣服、被褥等生活用品。

1-60	1-61
1-62	1-63

1-64

图1-60 住居C34 前室平台
图1-61 住居C02 起居室内部
图1-62 住居A22 供位及供位入口的茶桌
图1-63 住居A06 内室
图1-64 住居内部空间佤语名称对照图

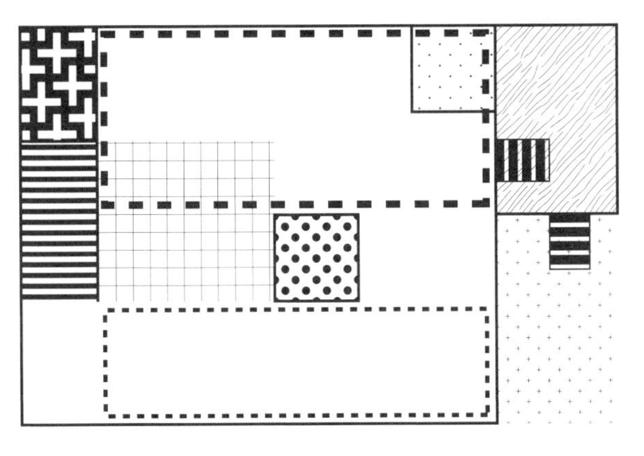

佤语读音	汉语意译
LONG LAI	祭拜祖先的地方
LOU DING	主人休息的地方
DANG DEI	主人坐的地方
BIA	火塘
DAO	牲口火塘
JIONG	平台
ZHE BONG	舂米的地方
DONG LAI	火塘的上面
DONG SAI	火塘的下面
BONG	楼梯

“主人区域”：佤语发音为“DangDei”，是指从内室与起居室的隔墙到火塘间的区域。“主人区域”是住居中主人或老人活动、起居、休息的地方。部分住居中主人或老人由于身体的原因不便在内室中就寝，搬到了离火塘更近的主人区域中。

据肖艾新介绍，住居中心的火塘在佤语中发音为“Bia”，意为“火塘、烧火的地方”，在有两个火塘的住居A07中门口的火塘佤语发音为“Dao”，意为“牲口火塘”。一层楼梯附近的区域佤语发音为“ZhengBong”，意为舂米的地方。佤族的传统习俗中，过新年要舂米做粑粑，而新年时居民便在一层楼梯附近的位置舂米，平时这里存放着舂米所需要使用的工具。楼梯佤语发音为“Bong”；前室平台佤语发音为“Jiong”，意为平台，台子。内室称为“LouDing”，意为主人休息的地方。住居内各区域的佤语名称及功能如图1-64所示。

通过与村内居民交谈和观察，将翁丁村中住居内部按照不同的功能划分成火塘、祭祀区域、主人区域、会客区域、餐厨区域、就寝区域、生水区域、储藏区域。

1）火塘

火塘位于起居空间的中央（图1-65）。大部分住居中有一个火塘，只有A07家中设置有主次两个火塘。火塘中的火一年之中不间断，只有到新年时才会熄灭并起新火。火塘除了用于煮食食物、取暖外，还在一定程度上促进了室内空气流通，带动空气从一层的架空区域和周边的窗户进入室内，在经过火塘燃烧后受热上升，从屋顶排出。火塘也是居民在住居内起居生活的主要区域，居民日常吃饭、聊天、休息都会围绕火塘进行。

2）祭祀区域

祭祀区域是指居民在住居内进行祭祀活动的区域，包括了供位内部和供位入口附近的区域（图1-66）。供位的内部是居民过年时主人进行祭祀的地方，平时不允许任何人进入。供位门口的位置也同样是祭祀活动的场所，外人不能随意靠近，居民平时需要进行叫魂或祭祀活动时会在这里进行。这个区域平时摆放板凳、桌子、茶具等待客的家具，同时也摆放收纳祭祀使用物品的箱子。

图1-65 住居C08 中位于室内中心的火塘

图1-66 住居B27 祭祀区域

图1-67 住居C13 主人坐在火塘旁边的主人区域

图1-68 住居C05 主人在火塘旁边的主人区域中休息

3）主人区域

主人区域在火塘与内室之间的范围。这个区域是住居中主人日常起居主要的活动区域，通常摆放主人的床铺或主人坐的座椅（图1-67、图1-68）。周围摆放着对于家庭具有纪念意义的物品和主人的生活物品（图1-69）。

4）会客区域

会客区域是在“火塘上面”，靠近火塘附近的区域，是客人就座的区域。在一些住居中，主人会在这个区域内铺上竹席或者摆放买来的沙发以标示出会客的区域（图1-70）。

5）餐厨区域

餐厨区域位于“火塘下面”，靠近火塘附近的区域，是居民做饭、吃饭的区域，同时也是住居中女性主要的起居活动区域（图1-71）。

6）就寝区域

就寝区域分为两个部分，一部分是主人就寝的主卧区域，另一部分是住居中其他成员就寝的次卧区域（图1-72、图1-73）。主卧区域通常位于内室中，或在火塘旁边的主人区域内。当内室不作为卧室使用时，一般情况会作为住居的储藏室使用，通常存放粮食或衣物等生活用品，也有少数情况是让其他成员用来就寝。次卧区域通常布置在入口一侧（图1-73）。住居面积较大的居民直接在起居室内增加一个隔间，作为次卧室，面积小的或者人口多的家庭会在前室平台上面的位置挑出一个单独的房间作为卧室。

7）生水区域

生水区域是在原牲畜火塘的位置附近。部分居民会用水泥或石板划分出一个区域，存放生活使用的生水、喂食牲畜的饲料、生活的少量污水等（图1-74）。

8）储藏区域

除了以上具有极强功能性的区域内存放必要的一些生活物品外，住居内还有几个区域固定用于存放物品。内室入口附近的位置，距离餐厨区域较近，用于临时放置一些立即食用的食材（图1-75）；门口附近的区域，用于存放生产工具、日用杂物等（图1-76），火塘上的吊架上用于存放食物，屋架上存放竹凳和工具（图1-77~图1-78）。

1-69	
1-70	1-71
1-72	1-73

图1-69 住居A07 主人区域的陈设
图1-70 住居B13 的会客区域
图1-71 住居A07 的餐厨区域
图1-72 住居C01 内室中的卧室
图1-73 住居B12 中设置的次卧室

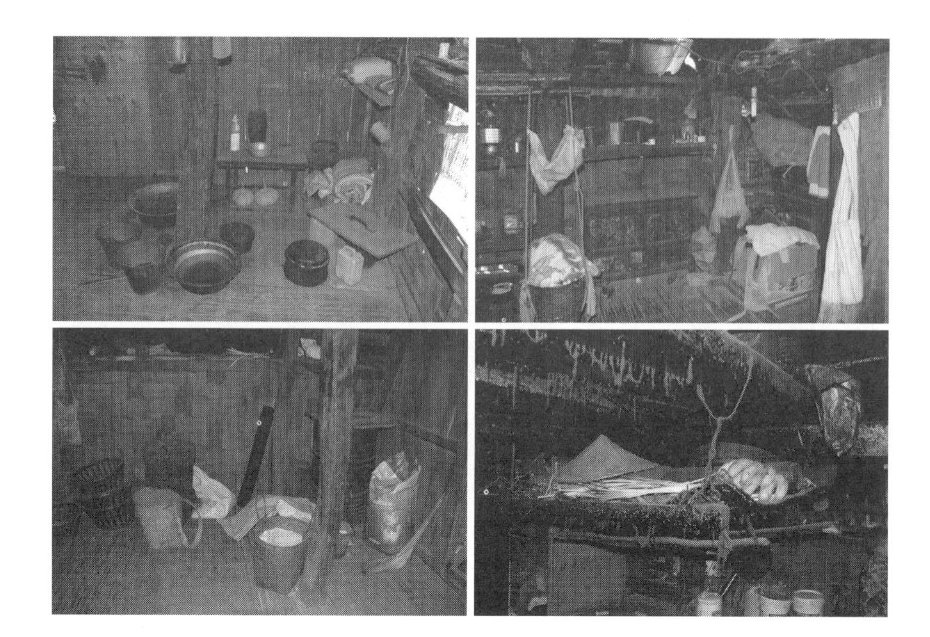

1-74	1-75
1-76	1-77

1-78

图1-74 住居C09 入口旁边的生水区域
图1-75 住居A18 内室入口处摆放的米柜、衣服、生活用品等
图1-76 住居C09 门口附近存储的粮食和生产工具
图1-77 住居B16 火塘上部设置的吊架及存放的物品
图1-78 住居C19 在屋架上存放的坐凳

4. 住居中的家具

翁丁村住居室内的大件家具有床、柜子、桌子、竹凳、沙发、电视。其他设施还有炊具、餐具、水具、茶具。少数居民家中有洗衣机和冰箱。

1）床

翁丁村居民在住居中普遍会使用独立的床（图1-79）。床通常位于内室和单独隔出的卧室内，少量居民将床摆放在起居空间内。一些老人仍然直接睡在室内的地面上。

2）柜子

翁丁村住居室内摆放有储藏物品的柜子。通常有两个用途，一种是用于存放衣物、被褥、餐具等生活用品；另一种是存放米。衣柜通常放置在就寝区域附近，方便居民使用。米柜通常是放置在主卧区域的入口附近。柜子分为三种形式：第一种是翁丁村居民自己制作的箱式柜（图1-80）。这种柜子通常分为大、中、小三种，大的用于存放被褥，中等的用于存放衣物，小的用于存放一些细碎物品，比如祭祀用的蜡烛、棉线。第二种是从外面买来的衣柜。第三种柜子是在墙上设置的壁橱、壁柜，用于放置餐具、厨具等生活用具。

3）桌子

居民家里的桌子主要是吃饭用的饭桌。主要分为两种：一种是竹子编制的圆形饭桌（图1-81），据村民说，这种饭桌最早始于附近的傣寨，翁丁村居民由傣寨购买，所以尺寸较为统一，直径在60cm左右，主要用于平时吃饭；另一种是用木头打制的方形饭桌（图1-82），属于居民自己制作的饭桌，大小尺寸各不相同。在调查中，最大的饭桌是A19家，饭桌尺寸为97cm×73cm；最小的饭桌是B01家，饭桌尺寸是40cm×40cm。桌子平时主要放置在两个区域，一个是供位前面的位置，一个是放置在梁架上。

4）竹凳

翁丁村中的竹凳是一种用竹编制的圆形坐凳（图1-83）。每家每户都有这种坐凳，竹凳直径在30cm左右，高度在25cm左右，并且数量较多，一般居民都会在家中存放有

1-79	1-80
1-81	1-82
1-83	1-84
1-85	

图1-79 住居C12 中使用的木床
图1-80 居民使用的储物箱
图1-81 住居A18 中使用的藤餐桌
图1-82 住居C01 中供位前放置的方形餐桌
图1-83 住居B18 居民和他在会客区域放置的沙发和竹凳
图1-84 住居A09 内放在门口旁边的电视
图1-85 住居A05 餐厨区域存餐具和炊具

10~30 把不等，一部分竹凳放置在室内的起居空间内，大部分放在室内梁架上存放。

5）沙发

翁丁村中，一部分住居家中摆放有沙发，居民会在主人区域摆放单人沙发或在待客区域拜访双人或三人沙发（图1-83）。

6）电视

由于政府的集中改造，翁丁村中每家每户都有电视机。电视机普遍被放置住居室内的入口附近（图1-84）。

7）炊具

翁丁村居民使用的炊具有两种：一种是为人煮食物的炊具，另一种是为猪煮食物的炊具。人用的炊具通常存放在火塘附近，靠近主卧区域入口的餐厨区域内（图1-85）。煮猪食的炊具通常存放在住居室内的入口旁边，也就是原来的牲畜火塘的位置。

8）餐具

翁丁村居民使用的餐具根据以米为主食的饮食习惯，装盛主要用碗，使用筷子和勺作为主要的就餐工具。餐具主要存放在餐厨区域的柜子或壁橱中（图1-85）。

9）水具

翁丁村居民使用的水具主要是水桶、水盆、暖水瓶。水桶和水盆用于生水的使用和存放，一般放置在住居室内入口即牲畜火塘的附近。暖水壶是居民用于存放热水的工具，一般放置在供位前。

10）茶具

种茶、喝茶是翁丁村居民的一种固定生活，茶叶也是翁丁村居民祭祀活动的主要用品，所以在翁丁村中几乎每户居民家中都有茶具（图1-86）。茶具包括茶壶、茶碗、茶盘。茶具主要放置在供位前，与暖水壶靠近。茶盘分为两种，一种为竹条编制的方形茶桌（图1-87）、另一种为矩形木茶盘（图1-88）。茶桌的尺寸通常为20cm×20cm，高约15cm。茶盘的尺寸通常为25cm×18cm。茶碗的尺寸通常为10cm×10cm。

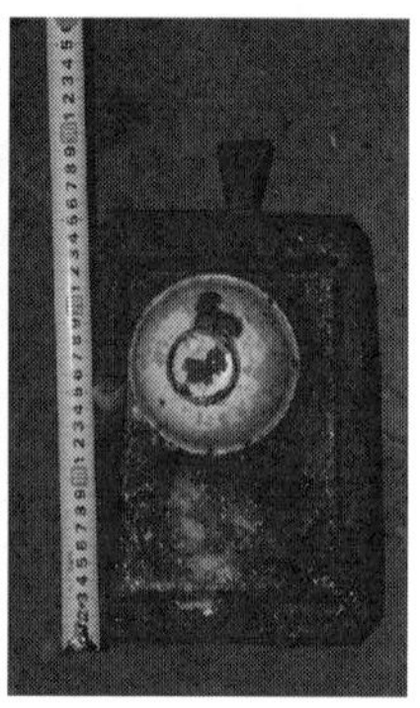

1-86	1-87	1-88
1-89	1-90	
1-91	1-92	

图1-86 住居A22 祭祀区域放置的水壶、茶具
图1-87 居民使用的竹茶桌
图1-88 居民使用的木质茶盘
图1-89 住居内放置的摇篮
图1-90 居民在演示过年时舂臼的场景
图1-91 翁丁村女性居民自制的织布道具
图1-92 正在粉碎红薯藤制作饲料的居民

11）摇篮

当家中有婴儿出生后，居民会在家中垂吊摇篮。摇篮会放置在餐厨区域当中，方便女性居民照顾（图1−89）。

12）臼

翁丁村居民过年制作年糕，使用臼制作。臼放置在入口楼梯旁边的区域（图1−90）。

13）纺织机

翁丁村女性居民纺布的工具，通常放置在住居入口舂臼区域附近（图1−91）。纺织时也会借助住居的横梁作为纺织道具。

14）电器及机械用具

少数居民家中拥有冰箱和洗衣机等电器、同时居民家中还会配备粉碎机（图1−92）、鼓风机等机械用具。

5. 住居的构件

除了构成翁丁村住居的空间和家具外，对住居中的门、窗、墙体等构件也进行了调查，并记录了这些细部构件的样式和高度，以及住居内活动空间的高度。

1）门

门为进出住居的主要出入口。住居内通常会设置两扇门，一扇是连接室外地面与住居的入口门，另一扇是连接住居和晒台的晒台门。门的形式有合页门和推拉门两种，在入口门和晒台门中都用到了这两种形式，其中入口门以合页门为主（图1−93~ 图1−96）。

2）窗

窗的形式与屋顶的样式有直接关系。在新式屋顶的住居内，窗开在住居周围的墙壁上，采用的形式有单扇的合页窗、双扇的合页窗、玻璃墙、无玻璃的窗洞等几种形式（图1−97~ 图1−100）。在老式屋顶的住居内，窗开在的屋顶上，类似于支摘窗的形式。这种窗的形式是在屋顶切一个矩形，以矩形上方为轴，打开后下方用木棍支撑形成（图

1-93	1-94	1-95
		1-96
1-97 ~ 1-100		
1-101	1-102	

图1-93 住居入口的合页门
图1-94 住居入口的推拉门
图1-95 住居晒台合页门
图1-96 住居晒台推拉门
图1-97 住居单扇合页窗
图1-98 住居双开合页窗
图1-99 住居窗洞
图1-100 住居玻璃墙
图1-101 从室外看屋顶窗
图1-102 从室内看屋顶窗

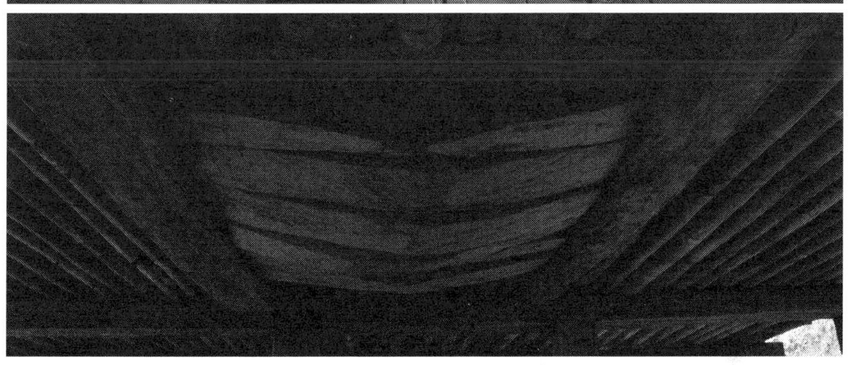

1-103	
1-104	
1-105	1-106

图1-103 住居A04 的火塘及火塘上的架子
图1-104 住居火塘底部的支撑结构
图1-105 一层的住居A14 中的火塘，由于是水泥地面，所以并没有设置边界
图1-106 住居A07 位于住居入口旁边的原牲口火塘

1-101、图1-102）。

3）墙

翁丁村中住居内部的墙体主要用来划分空间，在起居室中分隔出内室和供位。在翁丁村，所有住居内部的供位都由墙体进行围合。大部分住居中的内室用墙体进行划分。部分的居住中，在起居室内用墙体围合出单独的次卧室。

翁丁村中住居内部的墙体除了有划分空间的功能外，还具有存放物品的功能。居民在墙上设置壁橱、在墙体顶部设置平台，放置炊具、厨具和其他日常生活用具。

墙体尺寸的调查主要是针对墙上的壁橱宽度以及墙顶部的平台的高度进行的。经过调查，翁丁村中住居内部墙体上的壁橱宽度普遍在650mm~700mm 之间，墙顶部平台的高度普遍在1400mm~1600mm 之间。

4）火塘

对火塘的调查包括住居内火塘的数量、位置和尺寸。除A14、A21、B26、C19 和D01 外，翁丁村中住居内部都有火塘，其中A07 有2 个火塘。在没有火塘的住居中，A21 和D01 属于非传统形式的住居；A14、B26、C19 室内设有点火的炭盆，起到火塘的作用，C19 住居内在2 个房间中都设有炭盆。

不论火塘还是炭盆，都设置在住居起居空间的中心位置（图1-103~ 图105）。对火塘某一角点与住居室内的结构柱子之间沿住居柱网两个轴线方向的距离进行定位。其中A07 的副火塘位于住居的入口旁边（图1-106）。

据居民李安门讲述，原本每家都有两个火塘，中心的主火塘主要是人使用的火塘，门口的副火塘主要是用于做煮食牲畜饲料用的火塘。后由于对于山林资源的保护，居民无法得到足够的木柴，只得取消副火塘，尽保留中央的主火塘。

1.3 居民情况及居住行为

通过与居民的交流得到居民的基本信息，同时通过对聚落中居民生活行为的观察，从旁观者角度记录和评价。在调查中，利用了住居学中对于人的居住行为的分类，将居民的居住行为分为第一生活行为、第二生活行为、第三生活行为三类。翁丁村居民的第一生活行为包括：睡觉、小憩、进食、喝茶、抽烟、洗脸、沐浴、如厕、育儿、妊娠、分娩。第二生活行为包括：打扫、整理、烧火、洗涤、炊事、耕种、砍柴、种植、饲养、纺织、手工、物品买卖、搬运储藏、盖房。第三生活行为包括：民族节日、婚礼、葬礼、看电视、聊天、书写、叫魂。

在确定了行为内容后，为了与聚落的空间进行比较，我们根据聚落、家庭邻里、个人三个等级将这些居住行为也划分为宏观、中观、微观三个层面。经过分类后宏观居住行为有：民族节日、婚礼、葬礼、盖房。中观居住行为有：打扫、整理、烧火、洗涤、炊事、育儿、耕种、砍柴、种植、饲养、纺织、手工、物品买卖、搬运储藏、看电视、聊天、妊娠、分娩、叫魂。微观居住行为有：睡觉、小憩、进食、喝茶、抽烟、如厕、洗脸、沐浴、书写。居民居住行为的三个层面并不与聚落空间的三个层面直接相关联。在翁丁村居民的日常生活中，各层面的居住行为是穿插在不同层面的聚落空间中开展的。

1.3.1 宏观居民情况和居住行为

首先是对翁丁村聚落居民的宏观情况和行为进行调查， 调查的内容包括：翁丁村居民的人口情况，聚落中的社会关系情况，以及宏观的居民居住行为的调查。翁丁村的宏观居民行为包括对聚落环境的塑造、聚落空间的建造以及聚落全体性的活动行为。

1. 人口调查

人口调查主要针对翁丁村居民的基本信息。查询相关资料，包括对翁丁村的社会调

图1-107 调查中采访翁丁村寨主杨岩那

图1-108 拉木鼓中作为活动主持的魔巴肖尼不勒

查、翁丁村当地的一些人口资料，这些均为翁丁村人口调查的基础资料。再通过对每户居民的采访，得到人口方面的情况包括：户主姓名、家中人口数、家中成员与户主的关系、家中常住人口。

经过调查，翁丁村中共有在册人口463人，其中常住人口372人。101户住居中，共有3户无人常住，分别是A08、A21、D01，其中A08、A21有在册的户口信息，D01未找到户口信息。翁丁村中具有人口信息的有100户，实际常住居民98户。

2. 居民社会关系

在传统佤族社会关系中，最早建立翁丁村的人为村寨的寨主（或称头人），寨主实施世袭制。根据村民讲述，翁丁村最初是来自缅甸地区的佤族杨姓兄弟所建立，村寨建立300年以来，寨主一直为杨姓居民。现翁丁村中的寨主为居住在C17住居中的杨岩那（图1-107）。寨主旧时在村寨中拥有极高的权力，村寨中的居民要为寨主劳作，将收获的粮食上缴。后随着社会的改造，寨主已经变成了仅具有象征意义的头衔。

在传统佤族宗教关系中，魔巴是宗教祭祀仪式的重要成员，在仪式中扮演人与神进行沟通的角色，同时魔巴也是传统风俗节日等重大活动的主持者。现翁丁村中的魔巴是居住在A22住居中的肖尼不勒（图1-108）。

在现代生产关系上，翁丁村辖区内共分6个生产组，调查的翁丁大寨中主要为第一至第四组的居民，每个组设有一个组长，一个文书。组长负责组织居民进行生产劳动，文书负责对劳动计划的制订和成果的记录。

一组组长为居住在A18住居中的肖才生，一组文书是居住在C17住居中的杨建国，杨建国是寨主杨岩那的儿子；二组组长是居住在B21住居中的李饿倒，二组文书是居住在B06住居中的李岩块；三组组长是居住在A06住居中的杨尼宝，三组文书是居住在C04住居中的李岩灭；四组组长是居住在C33住居中的肖尼肯，四组文书是居住在C37住居的肖尼茸。

翁丁村中现有两位居民是医生身份，分别是居住在A09住居的肖杰论和居住在C38的住居中的杨三到；居住在C16住居中的李宏是翁丁村中的联防队长。

3. 宏观居民居住行为

宏观的居民居住行为指的是在聚落的公共范围内，全体村民或不同姓氏家族一同参与的大型活动。调查包括居民宏观居住行为的内容、时间和人员规模；时间方面的调查包括居民宏观居住行为的时间、单次持续时间、行为频率、频率的固定性。行为频率的判断根据两次相同行为之间的时间间隔决定，间隔在1 年以内的为较高，间隔在1 年以上不超过1 个月的为中，间隔在1 年以上的为低。行为频率的固定性根据两次行为的时间偏差决定，偏差为1 个月内的为固定，偏差在1 个月到6 个月的为较确定，偏差大于半年的为不定。

翁丁村中的宏观居民居住行为包括：民族节日、婚礼、葬礼、盖新房。其中民族节日包括春节、贡象节、护寨节、把牙节、新米节、撒谷节、新火节、新水节、拉木鼓节。

因佤族宗教信仰，翁丁村遇到大小事情都要举行宗教仪式，大事要举行大型的宗教仪式，持续时间也较长，小事要进行小型的宗教仪式，相对持续时间也较短。在宏观居民居住行为中，都要进行大型的宗教仪式。

1）春节

春节在翁丁村中是一年中最重要的节日，佤语称为“崩南尼”，意为年节。一般持续7~10 天，初一每家每户要打粑粑、蒸糯米饭献给寨主。寨主主持各家家长的祭祀活动。初二要在神林举行祭祀活动，由魔巴主持。

2）贡象节

贡象节是在正月初三，寓意是感谢在传说中帮助佤族居民建立村寨的打响。当天举行全寨居民参加的祭祀活动。祭祀活动通常要持续1 天。

3）护寨节

护寨节是祈求神林保护村寨的节日，通常在农历六月份举行。节日当天举行全村居民的绕寨一周等祭祀活动。

4）把牙节

把牙节是稻谷播种前祈求丰收的节日，佤语称“伊拉拐”，主要仪式是招小米魂。

图1-109 开始拉木鼓仪式

图1-110 拉木鼓过程中，将木鼓拉回村寨

全寨每家每户在自家进行，把牙节日期是农历六月二十四日。

5）新米节

新米节是稻谷成熟，庆祝丰收的节日，因气候不同，新米节时间一般是在农历七月、八月。时间要根据粮食成熟情况和父母或祖父母去世的属相之日来确定。后被政府统一固定为每年的农历八月十四日。新米节要举行1 天的宗教庆祝活动。

6）撒谷节

撒谷节是祈求风调雨顺、粮食丰收的节日，通常在农历初春择日进行。会举行全寨参加的庆祝活动，为期一天。

7）新火节

新火节是每年的大年三十，举行全村性的祭祀活动，为的是取新火，代替家中原来的旧火。新火节为期1 天。

8）新水节

新水节是祭祀水神的祭祀活动，时间是佤历的十一月，具体时间由魔巴占卜确定。新水节主要活动有祭祀、修水沟、接新水入寨，为期3 天。

9）拉木鼓节

拉木鼓节是翁丁村的传统祭祀节日，一般在佤历十至十二月间择日进行。拉木鼓是全村性的祭祀活动，会进行剽牛仪式（图1–109– 图1–111）。

10）婚礼

翁丁村中的婚礼通常会持续3 天，举办婚礼的家庭会请全寨人吃饭（图1–112，图1–113）。

11）葬礼

翁丁村中葬礼通常会持续2 天，全寨人回来吊丧。

12）盖新房

翁丁村中盖新房前先要请魔巴算日子。待选定好日子后，在当天搭建起所有的主体结构，接下来的时间再进行其他部分的建造(图1–114），修建一个新的房子大约需要5~10 天。

1-111	
1-112	1-113
	1-114

图1-111 拉木鼓仪式中剽牛时居民围绕中心进行舞蹈
图1-112 翁丁村佤族婚礼（一）
图1-113 翁丁村佤族婚礼（二）
图1-114 居民为屋顶换茅草

图1-115 居民家族姓氏分布

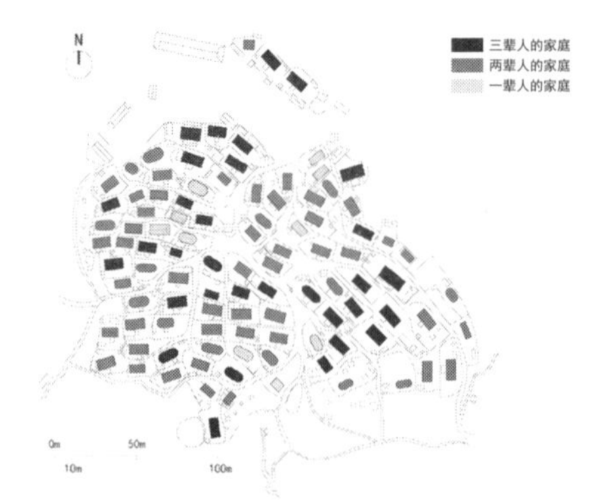

图1-116 居民家庭构成分布

1.3.2 中观居民情况和居住行为

中观居民情况和行为调查，主要了解翁丁村中居民家族构成情况、居民家庭的构成情况，以及中观居民的居住行为。翁丁村的中观居民行为包括在聚落中对住居地点的选择和建造，以及家庭范围或家族范围的生活行为。

1. 家族构成情况

翁丁村中的家族情况调查的基础信息包括收集的每户住居中居民的身份信息和翁丁村当地提供的人口资料。在得到基础资料后，通过询问C16 住居的居民李宏，了解各住居中户主之间的亲属关系。

根据调查，翁丁村居民共分为5 个姓氏家族，分别是杨姓家族、肖姓家族、李姓家族、赵姓家族和田姓家族（图1–115）。杨、肖、李三个姓氏为翁丁村中的人数和户数较多的大家族。肖姓是现在翁丁村最大的姓氏家族，户主姓肖的共有39 户，分为12 个支系家族；杨姓家族共有27 户，分为6 个支系家族；李姓家族共有18 户，分为5 个支系家族。赵姓家族和田姓家族属于翁丁村中的小家族，人口和户数较少：赵姓家族共有7 户，分为3 个支系家族；田姓家族共9 户，分为4 个支系家族。

2. 家庭构成情况

调查通过收集当地相关资料以及现场采访每户居民完成。在村委会提供的村民人口情况基础上，又对每户居民家庭构成情况进行询问。问题包括家中户主、家庭人口数、与户主的关系、常住人口。根据调查，翁丁村居民家庭状况分为三种：三辈之家，两辈之家，一辈之家。三种家庭构成的分布状态如图1–116 所示。

1）三辈之家

翁丁村中100 户具有在册户口信息的居民家中，有32 户为三辈之家。户主为最长一辈时，家庭成员主要包括户主及妻子、子女、孙女，部分家庭有户主兄弟及家眷；户主为第二辈时，家庭主要成员包括户主父母、户主妻子、户主子女，部分家庭有户主兄弟及家眷。三辈之家通常都是大家庭，家庭成员多，平均在册人口6 人左右，平均常住人口4~5 人。例如A25 住居中，户主为杨三茸，家庭在册人口9 人，包括父亲杨尼保、母亲肖叶那、妻子李依茸、弟弟杨新国、弟媳赵欧那、长子杨艾少、次子杨尼块、侄子杨三森绕，9 人均为常住人口。

2）两辈之家

翁丁村中100 户具有在册户口信息的居民家中，有59 户为两辈之家。家庭成员组成包括户主及其妻子、子女，个别家庭包括户主兄弟。两辈之家是翁丁村中主要的家庭构成方式，家庭平均在册人口为4 人，平均常住人口3 人。例如A22 住居中，户主为肖尼不勒，家庭在册人口4 人，包括妻子李安倒、长女肖叶伞、次女肖依块，四人均为常住人口。个别家庭为隔辈家庭，例如C20 住居中居住的居民是户主肖艾但与其奶奶杨叶茸。

3）一辈之家

翁丁村中100 户具有在册户口信息的居民家中，有9 户为一辈之家。家庭成员包括户主及其妻子。一辈之家平均在册人数为1~2 人，平均常住人口为1~2 人，9 户中有3 户为家中只有户主一人。

之所以会形成三种不同的家庭构成，源于佤族居民家庭的分家制。根据居民肖欧门讲述，一般男性居民在成家后就会带着家眷从原来居住的房屋中分家出去，重新选定地点建造住房，家中若有兄弟几个，只留老大或老小在祖寨中居住，其余兄弟均要分家出去单住。在翁丁村居民的家庭构成中，三辈之家呈现的是家庭分家之前的状态，两辈人和一辈人呈现的是分家后的状态。

3. 居民居住行为作息时间

调查通过对居民的现场采访完成。翁丁村居民普遍性的作息时间习惯：早晨6 时至7 时起床，起床后进行打扫、烧火等家务，在饲喂牲畜后出门劳动，中午11 时半左右返回家中吃一天当中的第一顿饭，饭后休息并进行洗涤等家务，下午1 时到2 时继续出门劳动，傍晚返回家中，在家中先进行饲喂牲畜、手工制作等劳动，晚上6 时到8 时吃一天中的第二顿饭，饭后进行休闲娱乐活动，晚上10时到12时间入睡。

翁丁村居民一天的大部分时间在外劳动，在住居内部活动的主要时间段是早晨出门前，时间大约为1小时左右；中午回家吃饭、休息，时间大约1~2小时左右；晚上在住居内活动时间较长，劳动回来后至睡觉前大约4~6小时。由此可知，翁丁村居民在住居内活动的时间主要是日落之后，活动主要包括吃饭、休闲、家务劳动等。从翁丁村居民的饮食规律来看，进食时间是中午和晚间，一天两次，大部分居民早晨起床后不进食。

4. 中观居民居住行为

中观居民居住行为指家庭、家族内部进行的活动和行为。内容包括行为的时间和人进行行为时的状态。通过对居民的现场采访获得相关的行为信息和数据，同时通过观察对居民行为进行客观记录。

调查结果的判定：

调查包括居住行为的内容、时间、人三方面。具体考察的内容：行为的内容、含义，单次时长、频率、频率的固定性，人在行为时的姿势、性别、人数。

行为的内容、含义的调查是通过对居民的采访进行。

时间方面的调查通过对居民的采访以及在采访过程中的观察进行。在调查结果中，将单次时长划分为几个时间段：5~10分钟、10分钟~1小时、1~3小时、3小时以上。这个时间段的划分是对居民居住行为调查进行总结的结果。居住行为频率由居民行为时间的间隔决定。频率分为高、中、低三种：每天发生的行为为高，时间间隔1~5天的为中，时间间隔5天以上的为低。频率固定性由居民行为时间偏差决定，分为固定、较确定、不定三种：偏差在1~2小时内的为固定，偏差在2小时以上1天以内的为较固定，偏差在1天以上的为不定。

人行为时的姿势根据居民行为时的基本姿势确定，包括行走、站立、坐和躺四种。性别和人数通过对居民的采访和观察直接获得。

根据调查，翁丁村中观居民居住行为包括日常的家务、劳动、交换、休闲娱乐等内容。

日常家务是翁丁村居民在住居内进行的主要活动，包括：打扫、整理、烧火、洗涤、炊事、育儿。

劳动类的行为，主要是在户外或住居院落中进行，占据居民生活中大部分的时间。包括：耕种、砍柴、种植、饲养、纺织、手工。

交换类行为，指翁丁村居民生活物品的买卖和储藏，包括：物品买卖、搬运储藏。

休闲娱乐，翁丁村居民的休闲娱乐生活多种多样，居民会根据自己的兴趣有着不同的休闲活动，分布时间也较为分散，经过调查具有普遍性的休闲娱乐活动为看电视和聊天。

比较重要的生理行为有：妊娠和分娩。

祭祀活动：叫魂。

1）打扫

打扫是翁丁村佤族居民每天都要进行的居住行为。根据居民肖欧门讲述，佤族的风俗是每天早起先要对房间进行打扫，否则就会触怒祖先。每家都有打扫房间用的笤帚，每天早晨主要由家中的女性对住居室内进行打扫（图1–117）。

2）整理

整理包括对对衣物、家具、杂物等物品的排列、擦拭等行为。根据观察，翁丁村佤族居民的整理频率并不高，整理也主要是由家中的女性进行。

3）烧火

烧火是翁丁村居民每天都要进行的居住行为。火在居民的日常生活中有着很重要的作用。做饭、取暖都需要使用火。翁丁村佤族居民的习俗，火塘中的火在一年之中不能熄灭，当居民要出门劳动或晚上睡觉前，要将火用炭灰封住，保存住炭的温度，待回家或起床后再重新将炭灰去掉将火烧起（图1–118）。

4）洗涤

洗涤是翁丁村居民定期要进行的活动，活动时间与气候有直接关系。调查发现，大部分居民选择在午饭后的时间进行清洗日常衣物的活动。居民选择这个时间的主要原因：首先，中午有较充足的日照，气温较高，清洗衣物后可以更快速地晾干；其次，中午有空闲时间，午饭后的休息时间一般是洗衣的时间。洗涤活动主要由家中的女性来进行（图1-119）。

5）炊事

炊事是翁丁村居民与进食相关的活动，主要包括做饭和饭后的整理。通过对翁丁村居民日常居住行为时间表的调查，发现翁丁村居民一天进食两次，在中午和晚间。所以炊事也是在这两个时间进行，主要由家中女性来完成。

6）育儿

对育儿的调查主要通过观察进行。育儿主要是指居民对于尚无自理能力的婴幼儿的照看。在调查中观察到5 个实例，分别是A06、B05、C35、C20、C38 住居。育儿主要包括对婴幼儿的喂养、看护，主要由家中的女性进行（图1-120）。

7）耕种

耕种是翁丁村生活基础资料的主要来源。翁丁村居民耕种的作物包括：水稻、旱谷、玉米、薯类、茶叶、甘蔗、竹子、核桃、蔬菜。

8）砍柴

砍柴是与耕种交替进行的劳动，主要在农闲的7 月至来年2 月进行。柴是火塘烧火用的主要消耗材料，所以每家每户都会收集大量的柴火并存放在家中。在农闲的时候，每天的主要劳动内容除了进行少量的耕种外，大部分时间都用于打柴。

9）种植

种植特指居民在自家院子中进行农作物的种植，主要种植的包括食用作物，包括：芭蕉、红薯及其他一些食用的蔬菜；花卉植物，如三角梅。在调查中发现，除了在村外拥有耕种的田地外，只有个别的居民会在自家院落中也进行种植。通过采访了解到，根据翁丁村中的习俗，花卉植物的种植有辟邪的作用，而在自家院子中进行种植会带来厄运，只有在耕地很有限或是一些摆脱传统观念的居民才会在家里种植蔬菜作物。这些院落中作物的种植并不占用在外耕种的时间。

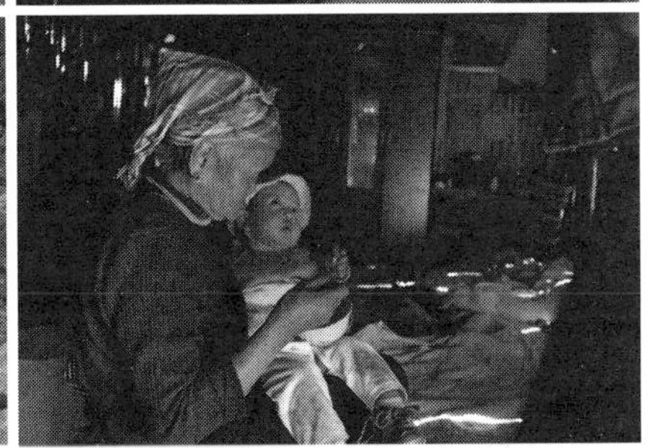

1-117	1-118
1-119	1-120
1-121	1-122
1-123	1-124

图1-117 居民打扫火塘
图1-118 居民将封存的炭火重新引燃
图1-119 居民在院子中洗衣服
图1-120 居民住居中照料婴儿
图1-121 女性居民在院子中纺线
图1-122 女性居民在院子晾晒麻线
图1-123 居民在院子中修补衣服
图1-124 居民在院子中织布

10）饲养

饲养是翁丁村居民生产活动的一项主要内容，居民养殖的物种包括猪、牛、鸡、鸭、猫、狗。其中猪、牛、鸡、鸭是居民中普遍养殖的牲畜和家禽，用于劳作、买卖，个别时间自己食用。猫、狗属于少量居民饲养的宠物。根据调查，翁丁村98 户常住居民中共有75 户居民家中养猪，平均每家饲养生猪5 头；共有21 户居民家中饲养牛，平均每家饲养2 头；共有60 户居民家中饲养鸡，平均每家饲养5 只；共有16 户居民家中饲养鸭，平均每家饲养4~5 只。在翁丁村中生猪是居民主要饲养的物种，其次是鸡。每天居民进行的饲养活动主要是对所养牲畜和家禽的喂食，根据采访和观察，平均每天喂食两次，分别在早晨和晚间。

11）纺织

纺织是翁丁村中女性主要进行的活动。根据调查，大多数成年女性居民都会纺织，纺织也是平时女性的主要生产劳动行为（图1-121~ 图1-124）。

12）手工

手工包括对生产工具，家具等生活所需物品的制作。根据调查，居民手工产品有桌子、背篓、筐箩、竹席子、鸡笼、烟斗。手工劳动主要由家中的男性完成（图1-125~图1-126）。行为的时间主要是在晚间劳动归来后晚饭前后的时间进行。

13）买卖

翁丁村居民的物品买卖通常在两个地点完成。一个是在村寨中，由居民开设的商店中或从村中的游商处购买自己所需的一些生活物品，比如食品、调味料、烟酒等。开设商店的居民除了销售平时居民所需的生活物品外，也对旅游者销售翁丁村当地的旅游纪念品。另一个是村寨外的市集，主要的目的地包括距离翁丁村较近的勐角乡、较远的勐董县城，也会去更远的一些地方赶集。居民在市集购买自己需要的商品，也会带去蔬菜、牲畜、家禽等进行销售（图1-127）。

14）储藏

翁丁村居民的储藏行为主要是针对粮食和干柴进行的，整个储存的过程包括对于物

1-125	1-126
1-127	1-128
1-129	1-130
1-131	1-132

图1-125 居民在院子中手工编织竹席
图1-126 男性居民制作鸭棚子
图1-127 居民在广场售卖芭蕉和茶叶
图1-128 居民运送生活物资
图1-129 居民为叫魂等祭祀活动做伙食准备
图1-130 村民来进行祭祀活动的家庭帮忙
图1-131 为叫魂祭祀活动准备猪肉
图1-132 居民展示叫魂所用的道具

品的搬运（图1–128）、晾晒到储存。

15）看电视

电视已经普及到每个居民家中，晚上或休息时打开电视已经成为大多数居民生活的习惯。在调查当中，观察到电视对于年轻人，尤其是儿童具有更大的吸引力。白天不上学或在家休息的儿童除了和同伴玩耍外，主要的时间都用于看电视。采访中发现，老年人对于电视不是很热衷，他们已经习惯于原来没有电视的生活。中年人对于电视持有不同的态度：一些中年女性居民表示，尽管不能完全明白电视中所讲的是什么，但是仍然喜欢打开电视，听里面的声音；另外一些中年人则很少打开电视，而是选择其他的休闲活动。

16）聊天

聊天是佤族传统休闲生活中重要的部分，翁丁村居民称晚上的聊天为“吹牛”。调查发现，这种活动有着相当大的规模，是大多数中老年翁丁村居民选择的晚间休闲活动，大家聚到一个亲戚或朋友的家中，多则十几个，少则两三个聚在火塘周围聊天。

17）妊娠

妊娠的佤族妇女要离开原来夜间休息的就寝区域，在住居内的火塘旁边休息，位置是在远离供位一侧的火塘旁边，靠近存放炊具的地方和内室的入口。

18）分娩

分娩的佤族妇女要离开妊娠的位置，位置在住居的主入口附近，头朝供位的方向。

19）叫魂

叫魂是佤族宗教活动中最主要的一种行为，不论是大型活动还是家庭中的各种事情，在遇到困难、难题或需要祈福时都需要叫魂（图1–129~图1–132）。家庭中的叫魂由家中老人或请村中的老人来主持。

1.3.3 微观居民情况和居住行为

微观居民情况和居住行为调查，主要了解居民身高情况以及居民微观居住行为。

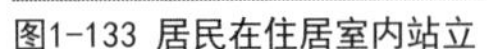
图1-133 居民在住居室内站立

图1-134 所测量的居民坐高姿势

1. 居民身高、坐高

对翁丁村98 户常住居民中每一户机挑选一位进行身高和坐高的测量。一共收集了98 人的身高和坐高数据，其中男性73 人，女性25 人。居民的身高测量，方法是让居民首先除去头上佩戴的帽子、饰物等影响高度的物品，然后自然站立，全身放松后，测量居民从脚底到头顶的距离（图1-133）。居民坐高的测量，方法是请居民坐在每家都有的竹凳上，保持放松状态，测量从地面到居民头顶的距离（图1-134）。

1）居民身高

这98 位居民中身高最高的是居住在C38 住居中的杨三到，身高为1710mm；身高最矮的为居住在D02 住居中的李依那，身高为1350mm；98 人的平均身高为1570mm（图1-135）。

对这98 位居民身高进行统计，居民身高在1500mm、1600mm 和1700mm 左右的最多，大多数居民的身高在1500~1700mm，有少数居民的身高低于1500mm 或大于1700mm（图1-136）。

2）男性居民身高

在73 位男性被测居民中，身高最高的是居住在C38 住居中的杨三到，身高为1710mm；身高最矮的为居住在B08 住居中的杨俄嘎，身高为1480mm；73 人的平均身高为1578mm（图1-137）。对这73 位男性居民身高进行统计，男性居民身高在1570~1600mm 范围内的最多，大多数居民的身高在1570~1700mm 之间，有少数居民的身高低于1500mm 或大于1700mm（图1-138）。

3）女性居民身高

在25 位女性被测居民中，身高最高的是居住在C07 住居中的杨俄嘎妻子，身高为1670mm；身高最矮的为居住在D02 住居中的李依那，身高为1350mm；25 人的平均身高为1493mm（图1-139）。对这25 位女性居民身高进行统计，女性居民身高在1400~1500mm 范围内的最多，大多数女性居民的身高在1400~1600mm，有少数女性居民的身高低于1400mm 或大于1600mm（图1–140）。

4）居民坐高

这98 位居民坐高最高的是居住在B04 住居中的肖尼新，坐高为1090mm；坐高最矮的为居住在C19 住居中的杨安新，坐高为850mm；98 人的平均坐高为984.26mm（图1–141）。

对这98 位居民坐高进行统计，居民坐高在1000~1020mm 的最多，大部分居民的坐高分布在920~1050mm 范围内，少量居民的坐高低于900mm 或大于1050mm（图1–142）。

5）男性居民坐高

在73 位被测男性居民中，坐高最高的是居住在B04 住居中的肖尼新，坐高为1090mm；坐高最矮的为居住在C20 住居中的肖艾旦，坐高为900mm；73 人的平均坐高为999.25mm（图1–143）。

对这73 位居民坐高进行统计，男性居民坐高在1000mm 左右的最多，大部分居民的坐高在950~1050mm。少量居民的坐高低于950mm 或大于1050mm（图1–144）。

6）女性居民坐高

在25 位女性被测居民中，坐高最高的是居住在A20 住居中的赵岩来妻子和居住在C31 住居中的杨依惹，坐高都为1020mm；坐高最矮的为居住在C19 住居中的杨安新，坐高为850mm；25 人的平均坐高为942.8mm（图1–145）。

对这25 位居民坐高进行统计，女性居民身高950mm 左右的最多，大部分女性居民的坐高在920~1000mm，少量女性居民的坐高小于920mm 或大于1000mm（图1–146）。

对翁丁村居民身高进行分析，发现居民的身高普遍在1500~1700mm；其中，男性身高普遍在1570~1700mm，女性身高普遍在1400~1600mm，男性坐高普遍在950~1050mm；女性坐高普遍在920~1000mm。

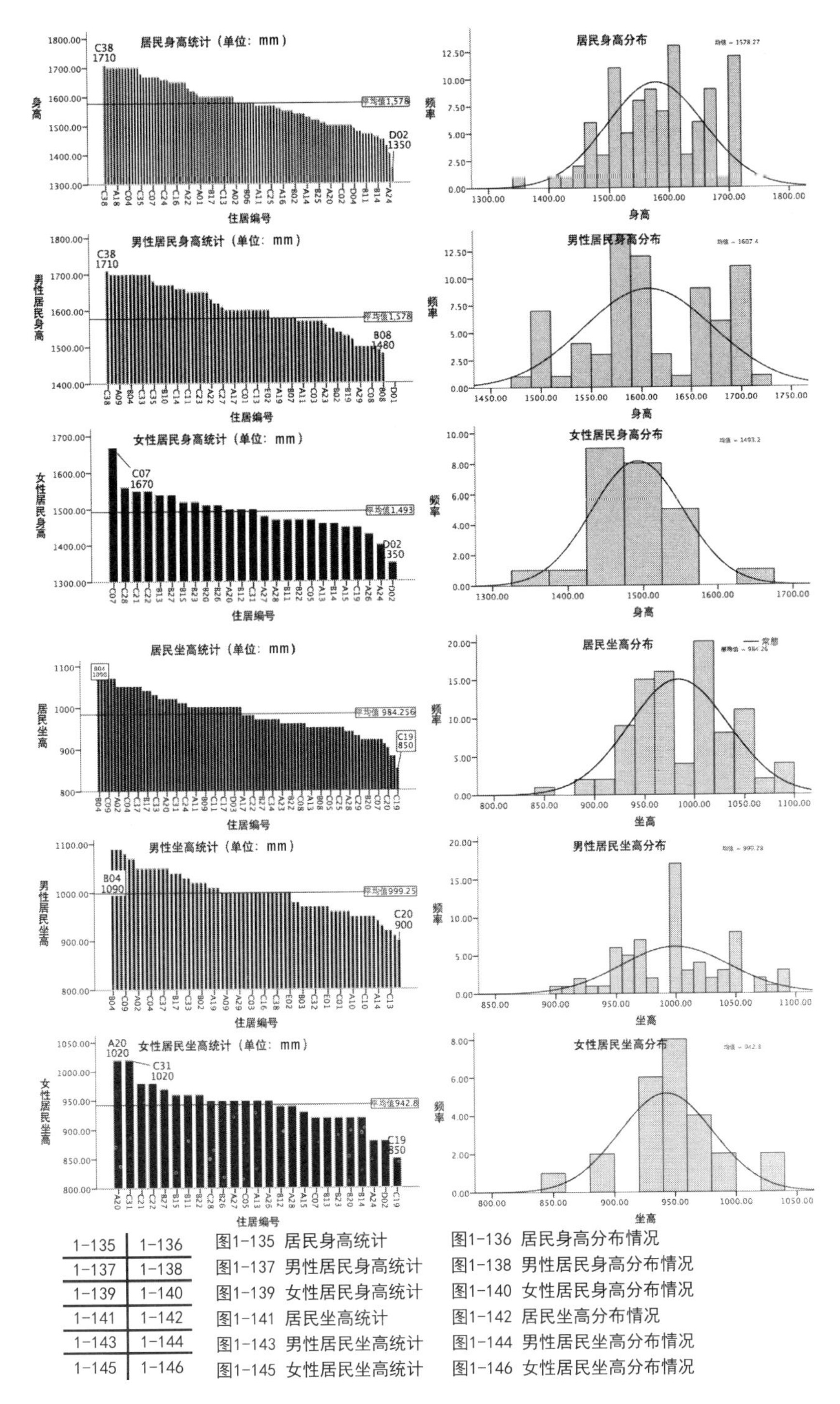

1-135	1-136
1-137	1-138
1-139	1-140
1-141	1-142
1-143	1-144
1-145	1-146

图1-135 居民身高统计　图1-136 居民身高分布情况
图1-137 男性居民身高统计　图1-138 男性居民身高分布情况
图1-139 女性居民身高统计　图1-140 女性居民身高分布情况
图1-141 居民坐高统计　图1-142 居民坐高分布情况
图1-143 男性居民坐高统计　图1-144 男性居民坐高分布情况
图1-145 女性居民坐高统计　图1-146 女性居民坐高分布情况

图1-147 翁丁村居民吃饭时有特定的座位，图中从左到右依次是主人儿媳、宾客、主人、主人儿子

图1-148 翁丁村居民在火塘边吃饭的场景

2. 微观居民居住行为

微观居民居住行为的调查内容包括居住行为的内容、行为的时间属性以及发生行为时人的状态三方面，具体考察：行为的内容、含义，单次时长、频率、频率的固定性，人在行为时的姿势、性别、人数。时间方面的调查通过对居民的采访以及在采访过程中的观察进行。在调查结果中，将单次时长划分为几个时间段：5~10 分钟、10 分钟~1 小时、1~5 小时、5 小时以上，这个时间段的划分是对居民居住行为调查进行总结的结果。居住行为频率由居民行为时间的间隔决定。频率分为高、中、低三种：1 天内发生2 次以上的为高，1 天发生1 次的为中，2 天以上发生1 次的为低。频率固定性由居民行为时间偏差决定，分为固定、较确定、不定三种：偏差在2 小时以内的为固定，偏差在2 小时以上1 天以内的为较固定，偏差在1 天以上的为不定。人行为时姿势，根据居民行为时的基本姿势确定，包括移动、站立、坐和躺四种。性别和人数通过对居民的采访和观察直接获得。居民的微观居住行为包括：睡觉、小憩、进食、喝茶、抽烟、如厕、洗脸、沐浴、书写。

1）睡觉

翁丁村居民普遍的休息时间在午夜至早上6 时，部分居民因不同状况可能更早开始休息。家中的不同成员在住居中不同的位置就寝。主人及妻子在住居内的内室就寝，若子女年龄幼小，子女也同主人一同在内室就寝。家中的其他成员在划分出的次卧区域休息。个别住居的起居空间中也放置有临时的床，供在外上学的孩子或打工的子女回家临时使用。翁丁村中的居民对于睡觉时头的朝向有着严格的限制，在内室中就寝的主人头必须要冲向供位，在住居中就寝的人睡觉时头也要冲向供位的方向。在次卧区域中就寝的人，头要冲向远离住居入口的方向。

2）小憩

小憩是翁丁村居民日间进行的休息，时间通常较短，包括午饭后在家中短暂的休息，或行走在村寨中在寨心的撒拉房坐下休息。在家中围绕火塘坐下休息时，翁丁村的居民对不同家庭成员的落座方位有着明确的规定。男主人坐在火塘与内室之间的位置，女主人、儿媳妇等女性要坐在火塘远离供位的一侧，其他子女、客人坐在火塘的另外两边。

3）进食

翁丁村居民的进食习惯是日进两餐，中午11时至12时吃第一顿饭，晚上劳动回来进行一些家中的劳动后吃晚饭，晚饭的时间通常在晚上6时至8时。翁丁村中的居民对于进食时家中成员落座的方位有着明确的规定。居民进食主要在供位前的位置或内室入口旁边这两个位置。无论在哪个位置进食，主人都要坐在靠近供位的方位，女主人要坐在远离供位并靠近火塘的位置，子女或宾客可以随意坐在另两个位置（图1-147）。当吃饭人数较少时，居民也会围坐在火塘旁边吃饭，此时主人坐在主人区域一侧的火塘旁，女性居民坐在餐厨区域一侧的火塘旁（图1-148）。

4）喝茶

翁丁村绝大部分居民家中都有茶具，喝茶是招待客人的主要方式。在村中老年人更爱喝茶，喝茶的时间主要是在白天，位置是在火塘附近。

5）抽烟

翁丁村居民绝大部分都会抽烟。水烟、烟斗、卷烟是居民主要抽烟的形式。烟斗是传统的抽烟工具，一些中老年居民多使用烟斗，男性使用的烟斗杆比女性使用的烟斗杆长。

6）如厕

翁丁村居民主要在聚落周边修建的公共厕所如厕，时间通常是在早晨起床后和晚上劳动归来。

7）洗脸

洗脸包括居民洗脸、洗手、洗头发等临时的身体清洗行为，简单的清洗发生在早晨起床后，给牲畜家禽饲喂后、如厕后等多个时间。

8）沐浴

沐浴指对于身体全部部位的清洗，通常发生在晚间劳动归来。一般居民就在自家院落中的用水区域清洗，少数居民前往村外的公共浴室清洗，一般一天清洗一次。翁丁村女性居民均留长发，属佤族习俗，所以女性居民会在家中清洗头发。

9）书写

大部分的翁丁村居民并不进行书写相关行为，只有劳动组的组长、文书或学生会在家中进行一些书写方面的行为。一个较为常见的书写行为是居民在自家内室前的梁上记下自己房屋建造的时间，使用黑色油漆写在梁正中间。在调查中发生的临时书写行为，居民分别用火塘中的炭和茶碗中的水在地面上进行书写。

第 2 章 聚落空间的分析

翁丁村聚落风景

在分析的基础上，通过在翁丁村现场调查，得到了全村101户居民住居的院落平面图和住居室内平面图、住居室内细部尺寸调查表、在现场核对和测量的聚落总平面图。

从宏观、中观、微观三个层面对于翁丁村的聚落空间进行分析，分析的内容包括在各层面的聚落空间中，空间构成要素的分布规律，各空间构成要素的面积与总面积之间的影响关系。

对空间构成要素分布规律的分析，先将测绘图纸转画入计算机后，通过CAD对空间的面积、位置、尺寸的数据进行测量。对数据的分析使用统计学的相关方法。首先对测绘所得到的数据在Excel中进行列表整理，然后使用数据分析软件SPSS对面积数据进行分析。通过柱状图对各要素的面积进行分析，得出各要素面积的最大值、最小值、平均值；使用直方图对各要素面积的分布状况进行分析，得出各要素面积的分布状态和普遍分布范围。

对空间构成要素的面积与总面积的影响关系的分析分为两个方面：一个是各构成要素与总面积的静态影响，即各要素面积在总面积中所占的比例；另一个是动态影响，即当总面积变化时，各构成要素面积如何变化，哪个要素的面积变化与总面积变化有直接影响，影响有多大。

对于静态的影响，通过对各空间构成要素的面积的统计汇总并计算各构成要素在总面积中的平均比例的方式来进行分析。

对于动态的影响，通过比较各空间构成要素以及总面积回归关系的方法进行分析。首先对各空间构成要素以及总面积绘制关系散点图，观察散点图寻找是否存在有线性相关的两个要素，使用回归模型对两个要素之间的关系进行拟合，判断两个要素间的关系性，通过比较不同要素之间的回归关系，对比总面积与各相关要素之间关系性的大小。

本书使用的回归模型为线性回归模型，判断两个要素之间关系性的大小以及影响的程度。在回归模型中，设置一个拥有较大值的数据组为自变量（x），设置想要考察的对象的面积为因变量（y），通过比较回归方程中回归系数（b）的大小来确定自变量对因变量的影响大小，通过回归拟合度（R^2）大小，确定回归分析结果与实际情况的拟合结果。

线性回归方程：$y = a + bx$

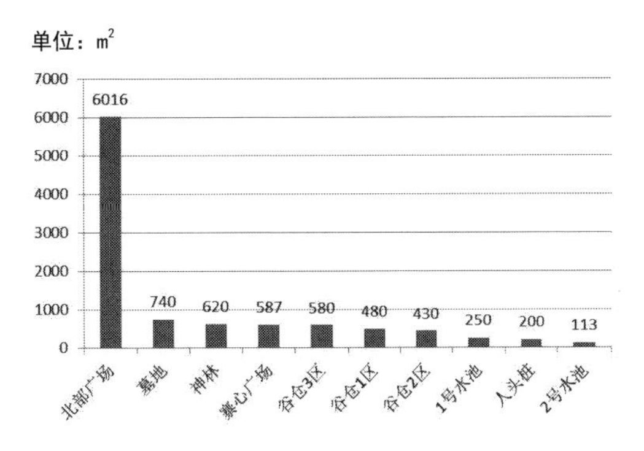

图2-1 翁丁村宏观聚落空间公共空间面积图

2.1 宏观聚落空间分析

首先对翁丁村宏观聚落空间进行分析。分析的内容包括聚落中构成要素的分布、面积以及面积规律。通过聚落总平面图以及数据分析软件SPSS 对于各空间的面积统计完成。

2.1.1 宏观聚落空间构成要素

从绘制的总平面图发现，翁丁村中公共空间主要分布在聚落外围和中心的位置：北部是新建的广场，西侧是谷仓1 区、墓地和人头桩，南侧是水池和谷仓2、3 区，东侧是神林。祭台所在的寨心和撒拉房位于翁丁村的中心地带。在公共空间周围是居民的居住空间。

通过总平面图的观察发现，翁丁村聚落空间的总体分布状态是一个从中心出发向外扩散的分布状态，中心位置是寨心和撒拉房，居住空间围绕寨心分布，最外侧围绕居住空间分布着各公共空间。从里到外，共形成了三个空间圈，第一圈是聚落的核心，第二圈是聚落中主要的构成要素，最外是聚落的外围空间。

2.1.2 宏观聚落空间构成要素的面积分析

对于宏观聚落空间的空间面积进行分析，包括各聚落空间构成要素的面积、居住空间中住居院落的平均面积、各构成要素的面积关系。对聚落平面图中各公共空间尺寸和面积进行测量，对测绘图纸中住居院落的面积进行统计，获得住居院落的面积，对住居院落的面积列表整理，通过数据分析软件SPSS 对各构成要素的空间面积进行统计分析。

1）各构成要素的面积分析

经过对各宏观聚落空间构成要素的面积测量和统计，在翁丁村的公共空间中，最大的公共空间是北部的广场，北部广场的总面积约为6016m²；墓地的面积约为740m²；神林的面积约为620m²；寨心广场的面积约为587m²；人头桩面积约为200m²；1 号水池面积

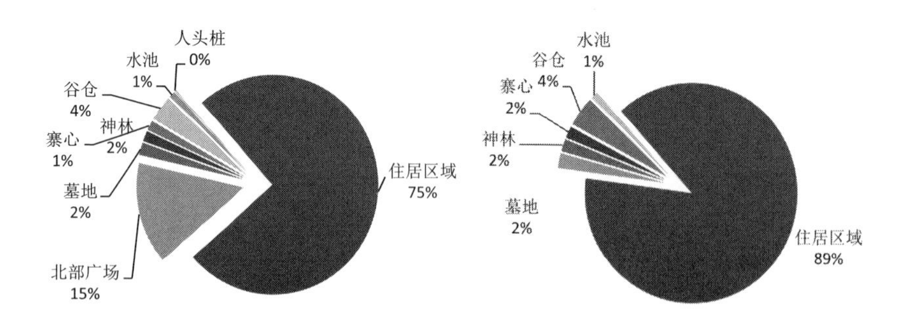

图2-2 翁丁村构成要素面积比例

图2-3 翁丁村传统聚落构成要素面积比例

约为250m²；2号水池的面积约为113m²；谷仓1区的面积约为480m²；谷仓2区面积约为430m²；谷仓3区面积约为580m²（图2-1）。

翁丁村中居住空间的总面积约3万m²，居住空间由101户住居院落组成。在对101户住居的院落面积进行统计后，发现翁丁村中住居院落最大的是C33，面积为459.63m²；住居院落最小的是C38，面积为96.5m²。住居院落的平均值为235.64m²。

在对翁丁村住居院落面积进行直方图分析发现，翁丁村中住居的大小总体上符合正态分布的特点，住居院落的面积集中在200~250m²之间。部分住居院落的面积在150~200m²和250~300m²这两个面积区间内。少量住居的院落面积在150m²以下和300m²以上。翁丁村住居院落的大小总体是在150~300m²之间。

2）构成要素间的面积关系

对聚落中空间要素面积的统计发现，在翁丁村的现状宏观聚落空间中，面积最大的是住居区域，占整个聚落空间的75%，其次是北部新建的广场区域，最小的是人头桩，所占百分比小于1%（图2-2）；在翁丁村的传统宏观聚落空间中，面积最大的依然是住居区域，占整个传统聚落空间的89%，其次是谷仓区域，最后是水池区域（图2-3）。

通过分析得出，在翁丁村中无论是在现存的翁丁村现状宏观聚落空间中还是在传统宏观聚落空间中，住居区域都是聚落中的主要组成部分，占据聚落中的大部分面积。而墓地、神林、寨心等具有精神性的聚落空间要素在聚落总面积中所占的比例很小，无论是在传统聚落还是现代聚落空间中，三个要素的面积都不超过2%。具有功能性的谷仓和水池根据各自功能性的需要，在聚落中占据4%和1%的面积。

本书将所有聚落中住居区域、谷仓、水池根据它们在聚落中的位置对面积进行分解，变成一个个的住居院落、谷仓区和水池后，将各空间要素的面积放在一起进行比较，发现北部新建的广场远远大于其他构成要素的面积。除北部广场外，翁丁村宏观聚落空间中构成要素的面积总体分为两个区间：400~800m²的是墓地、神林、寨心、谷仓；100~400m²的是水塘、住居院落、人头桩。

从总体的面积分布看出，北部广场面积最大，远远超过了翁丁村中任何一个空间

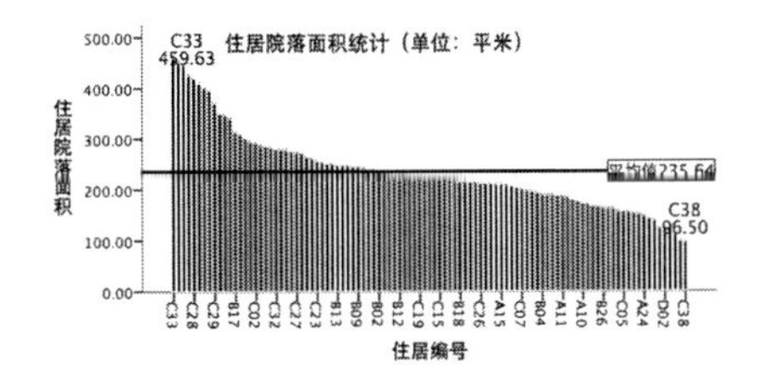

图2-4 翁丁村住居院落面积统计

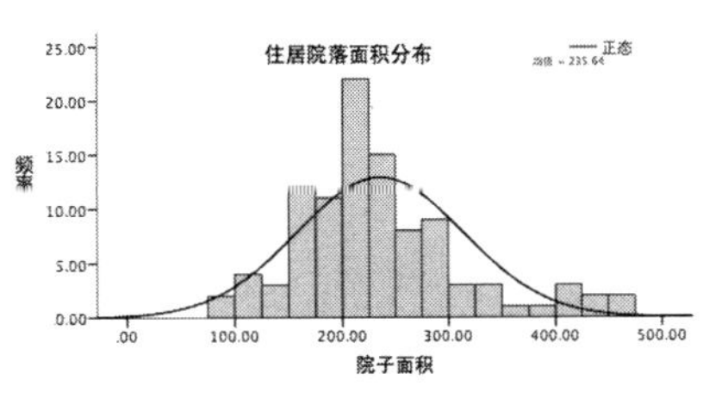

图2-5 翁丁村住居院落面积分布情况

要素构成的单体，尺度也远远超过了传统聚落空间所能容纳的面积。在传统的聚落空间中，具有宗教性和精神性的公共空间在翁丁村传统聚落空间中占有最大的面积；储藏性的功能空间占有较大的面积，小于宗教和精神性的公共空间却普遍大于住居院落的面积。水池、住居院落、人头桩与面积属于同一等级。从整体的面积分布看，100~300m^{2}的空间面积是构成翁丁村聚落空间的基本尺度单元（图2-4、图2-5）。

2.2 中观聚落空间分析

下面对翁丁村中观聚落空间进行分析。分析内容包括住居院落中构成要素的面积，以及各要素之间的面积关系和面积变化规律。

2.2.1 住居院落中构成要素面积分析

本节对住居院落中的住居面积、晾晒空间、种植空间、饲养空间、用水空间、附属空间、新建空间的面积进行统计和分析。分析基于对翁丁村101户住居院落平面图的测绘，根据测绘的图纸，在CAD中量取各构成要素的面积，在对量取数据进行列表整理后，通过数据分析软件对各要素的面积进行最大值、最小值、平均值、分布区间的统计，得出各要素的面积特点。

1）住居面积的分析

在101户住居当中，面积最大的是C16住居，占地面积为110.52m^2；最小的是C20住居，占地面积是28.16m^2。101户住居的平均占地面积是58.54m^2（图2-6）。

对101户住居面积统计分析发现，住居面积总体上呈现正态分布，住居的占地面积在55m^{2}到70m^{2}之间的最多，大部分住居的占地面积在30m^{2}到50m^2，少量住居的占地面积超过80m^2（图2-7）。

2）晾晒空间面积的分析

住居院落中的晾晒空间是院落内可以晾晒粮食、衣物等物品的空地或架子所组成的空间。在101户住居的院落内有晾晒空间的共有95户。拥有最大的晾晒空间的是B17住居，面积为106.12m²；晾晒空间最小的是B18住居，面积为6.11m²。95户住居的晾晒空间平均面积是43.09m²（图2-8）。

对95户住居院落中晾晒空间面积的统计分析表明，晾晒空间的面积并无明显正态分布的特点，面积分布呈现双峰分布特点。晾晒空间面积集中在6~36m²和46~66m²两个区间内；少部分分布在36~46m²、66m²以上和6m²以下（图2-9）。

统计发现，翁丁村居民根据不同的情况，选择不同的晾晒空间面积，通常在20m²和60m²上下的区间内。

3）种植空间面积的分析

住居院落中的种植空间包括住居院落中种植蔬菜、芭蕉等农作物的区域，统计表明，翁丁村中在住居院落内有种植空间的共有47户。拥有最大种植空间的是C33住居，面积为274.76m²；种植空间最小的是B06住居，面积为1.29m²。47户住居的种植空间平均面积是33.03m²（图2-10）。

对于47户住居院落中种植空间面积的统计分析表明，种植空间的面积并无明显的正态分布特点。种植空间最多分布在25m²以内，部分住居的种植空间在25~75m²之间；少量住居院落中的种植空间大于100m²（图2-11）。

统计发现，翁丁村居民在住居院落中种植作物的面积通常在25m²之内。

4）饲养空间面积的分析

住居院落中的饲养空间包括院落中的猪圈、牛棚、鸡笼、鸭笼。统计表明，翁丁村中在住居院落内有饲养空间的共96户。拥有最大饲养空间的是C28住居，面积为75.17m²；饲养空间最小的是C38住居，面积值为2.m²。96户住居的饲养空间平均面积是19.48m²（图2-12）。

对96户住居院落中饲养空间面积的统计分析表明，饲养空间的面积并无明显的正态分布特点。饲养空间最多的是在5~15m²，部分住居的饲养空间在5m²以下和20~30m²两个区间内；少部分住居的饲养空间在15~25m²的区间；少量住居院落中的饲养空间大于60m^2（图2-13）。

统计发现，翁丁村居民在饲养空间的建造上有一定的规律性，翁丁村居民建造饲养空间通常在5~15m^{2}的区间内。在5~15m^{2}范围内，通常包括一个有3个隔间的猪圈或一个有2个隔间的猪圈加一个鸡笼或鸭笼。

5）用水空间面积的分析

住居院落中的用水空间包括院落中的水池和居民建造的水房。经过调查，翁丁村居民住居院落中有用水空间的有97户。拥有最大用水空间的是A01住居，用水空间的面积为8.54m^2；用水空间最小的是B10住居，用水空间面积为0.38m^2；翁丁村97户有用水空间的居民中，用水空间的平均面积是2.94m^2（图2-14）。

对97户居民住居院落中用水空间面积的统计分析表明，用水空间的面积不呈现正态分布特点。用水空间的面积主要在1.5~3m^2；部分居民院落中的用水空间面积在3~7m^{2}之间；少量居民院落中的用水空间在1.5m^{2}以下和7m^{2}以上（图2-15）。

统计发现，翁丁村院落中的用水空间有一定的规律性，面积普遍在1.5~3m^2。

6）附属空间面积的分析

翁丁村住居院落中建造的储藏室、车棚、厕所属于附属空间。经过调查，翁丁村中住居院落内有附属空间的有14户。附属空间面积最大的是C03住居，面积是25.21m^2；附属空间面积最小的是D03住居，面积是3.36m^2。翁丁村14户拥有附属空间的住居中附属空间的面积平均值为13.95m^2（图2-16）。

对14户居民院落空间中的附属空间面积的统计分析表明，用水空间的面积无正态分布特点，其中有5户的附属空间在5~10m^2，其他住居院落中的附属空间面积较为平均分布在30m^{2}以内的范围内（图2-17）。

统计发现，翁丁村居民对于附属空间的建设在面积上并无明显的规律，主要分布在5~10m^{2}区间内。

7）新建空间面积的分析

翁丁村住居院落空间中的新建空间包括居民建造的商店、供游客居住的客房、观景

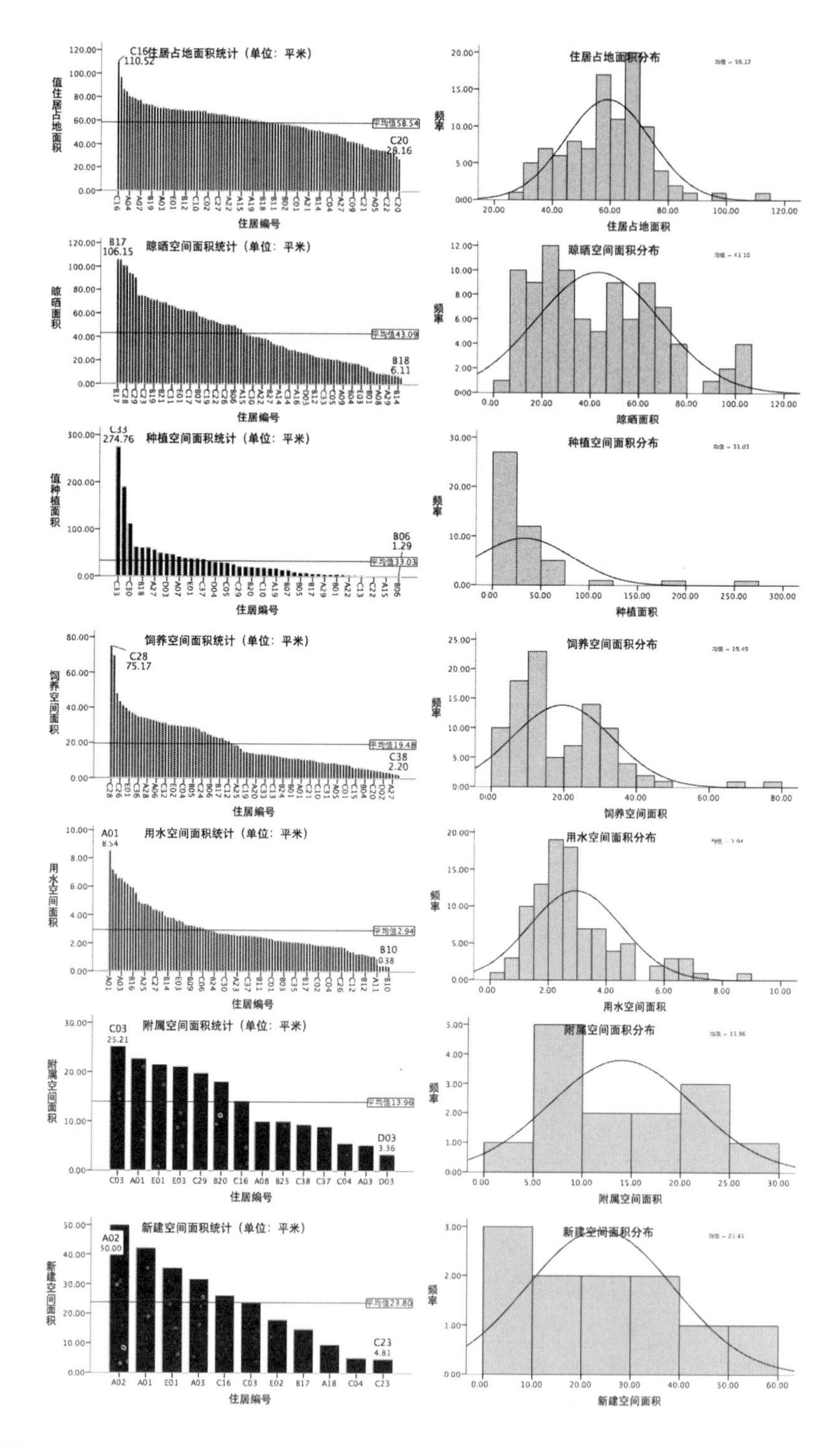

住居占地面积统计（单位：平米）
C16 110.52
C20 28.16
平均值58.54
住居占地面积值
住居编号
住居占地面积分布
频率
住居占地面积
晾晒空间面积统计（单位：平米）
B17 106.15
B18 6.11
平均值43.09
晾晒面积
住居编号
晾晒空间面积分布
晾晒面积
种植空间面积统计（单位：平米）
C33 274.76
B06 1.29
平均值33.03
种植面积值
住居编号
种植空间面积分布
种植面积
饲养空间面积统计（单位：平米）
C28 75.17
C38 2.20
平均值19.48
饲养空间面积
住居编号
饲养空间面积分布
饲养空间面积
用水空间面积统计（单位：平米）
A01 8.54
B10 0.38
平均值2.94
用水空间面积
住居编号
用水空间面积分布
用水空间面积
附属空间面积统计（单位：平米）
C03 25.21
D03 3.36
平均值13.96
附属空间面积
住居编号
附属空间面积分布
附属空间面积
新建空间面积统计（单位：平米）
A02 50.00
C23 4.81
平均值23.80
新建空间面积
住居编号
新建空间面积分布
新建空间面积

2-6	2-7
2-8	2-9
2-10	2-11
2-12	2-13
2-14	2-15
2-16	2-17
2-18	2-19

图2-6 住居占地面积统计
图2-8 晾晒空间面积统计
图2-10 种植空间面积统计
图2-12 饲养空间面积统计
图2-14 用水空间面积统计
图2-16 附属空间面积统计
图2-18 新建空间面积统计

图2-7 住居占地面积分布情况
图2-9 晾晒空间面积分布情况
图2-11 种植空间面积分布情况
图2-13 饲养空间面积分布情况
图2-15 用水空间面积分布情况
图2-17 附属空间面积分布情况
图2-19 新建空间面积分布情况

台。经过调查，翁丁村中有11户拥有新建空间。新建空间面积最大的是A02住居，面积为50m^2，新建的是商店；新建空间面积最小的是C23住居，面积是4.81m^2，新建的是观景台。11户居民中的新建空间平均面积为23.8m^2（图2-18）。

对11户居民院落空间中新建空间面积的统计分析表明，新建空间面值呈现正态分布特点。有3个分布在10m^{2}以内，10~20m^{2}区间内2个，20~30m^{2}区间内2个，30~40m^{2}区间内2个（图2-19）。

统计发现，翁丁村中住居院落内新建空间的面积并无明确的规律，普遍在30m^{2}以内。开设商店的A01、A02、A03、E01住居中的新建空间面积最大。

2.2.2 住居院落中各构成要素的面积与院落面积的相关性分析

本节是对翁丁村住居院落中各构成要素面积与院落面积间以及各构成要素的面积之间影响关系的分析。

分析基于上一小节中对翁丁村住居院落中各空间构成要素面积的统计和分析。对数据进行汇总，计算所有住居中各空间构成要素在住居院落面积中所占的百分比，最后得出某一住居院落中的空间构成要素在住居面积中的平均百分比，住居院落面积对于空间要素的静态影响关系。然后通过散点图的观察，确定住居院落面积与构成要素面积之间、构成要素面积之间是否存在线性相关关系，使用回归模型对存在相关关系的两组数据进行回归拟合，确定两组数据之间的关系性、影响程度以及回归对实际情况的解释程度，从而得出住居院落面积与各要素面积或各要素面积间的动态影响关系。

1）静态影响关系

首先是对翁丁村中住居院落中空间构成要素面积对院落总面积静态影响的分析。

对院落内各空间构成要素面积进行统计，得出住居面积平均占院落面积的27%；晾晒区域面积平均占院落面积的17%；种植区域面积平均占院落面积的5%；用水区域面积平均占院落面积的1%；饲养区域面积平均占院落总面积的7%；在有附属区域的住居中，附属区域面积平均占院落面积的1%；在有新建区域的住居中，加建区域的面积平均占院

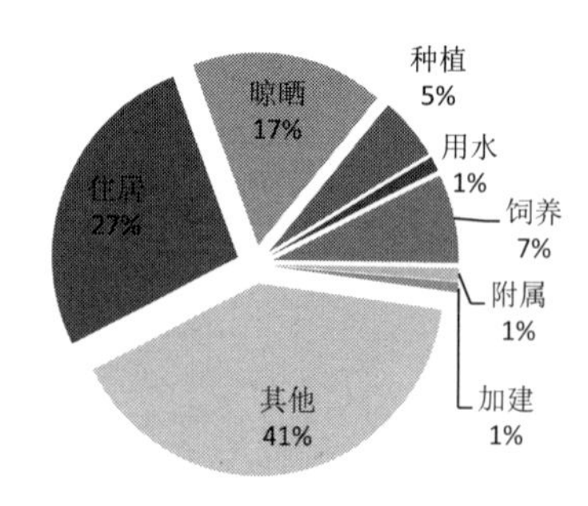

图2-20 住居院落中构成要素比例

落面积的1%（图2-20）。其他空间构成要素的面积占院落总面积的41%。

统计发现，具有特定功能意义的区域占院落总面积的60%左右，也就是说翁丁村居民的住居院落中一部分是空地或是交通空间等没有特定功能的空间。大部分居民的住居院落中，住居所占的面积最大，说明住居院落总面积的大小对住居面积的静态影响最大，其次是晾晒区域，最小的是用水区域，说明住居院落总面积的大小对院落中的用水区域面积影响最小。在少部分居民住居院落中，还有附属区域和新建区域，所占比例更小，由于这些区域仅在少量的住居院落中出现，且在院落中面积比例所占很小，所以可以说住居院落的面积对它们没有影响。

2）动态影响关系

在对住居院落中各构成要素面积与院落面积的静态影响分析后，再对它们直接的动态影响进行分析。分析发现，在住居院落以及院落中各构成要素之间的散点图中，住居院落的面积对住居面积、晾晒区域、种植区域、用水区域、饲养区域面积具有一定的限制作用，以上几个区域的面积都在一定范围内增长，其中晾晒区域、种植区域、用水区域、饲养区域的面积变化并无明显的线性规律，大部分住居中以上四个区域的面积总体上集中与一个区域范围内。住居面积的变化与住居院落面积的变化呈现出一定的线性关系。而住居院落面积与附属区域面积、新建区域面积并无相关性。

将住居院落面积以及住居院落的面积数据导入数据分析软件SPSS，将住居面积作为因变量（y），住居院落面积作为自变量（x），对两组数据进行线性回归拟合。得到的回归方程为：y=0.077x+41.017。F检验中，F值为19.640，显著性（Sig.）为0.000，T检验中，显著性为0.000，模型的拟合度（R^2）为0.166。

回归结果显示回归系数为0.077，即当住居院落面积扩大1m^{2}时，住居面积的增长量为0.077m^2；在F检验和T检验中，显示回归具有显著性，说明回归模型效果明显；在模型拟合度中显示模型拟合度低，说明回归模型对实际情况的解释度不高。

回归分析表明，住居院落对住居的占地面积大小具有一定的影响，但实际情况与回归的预期拟合程度不高，说明在实际情况中，住居的占地面积除了受到住居院落面积的

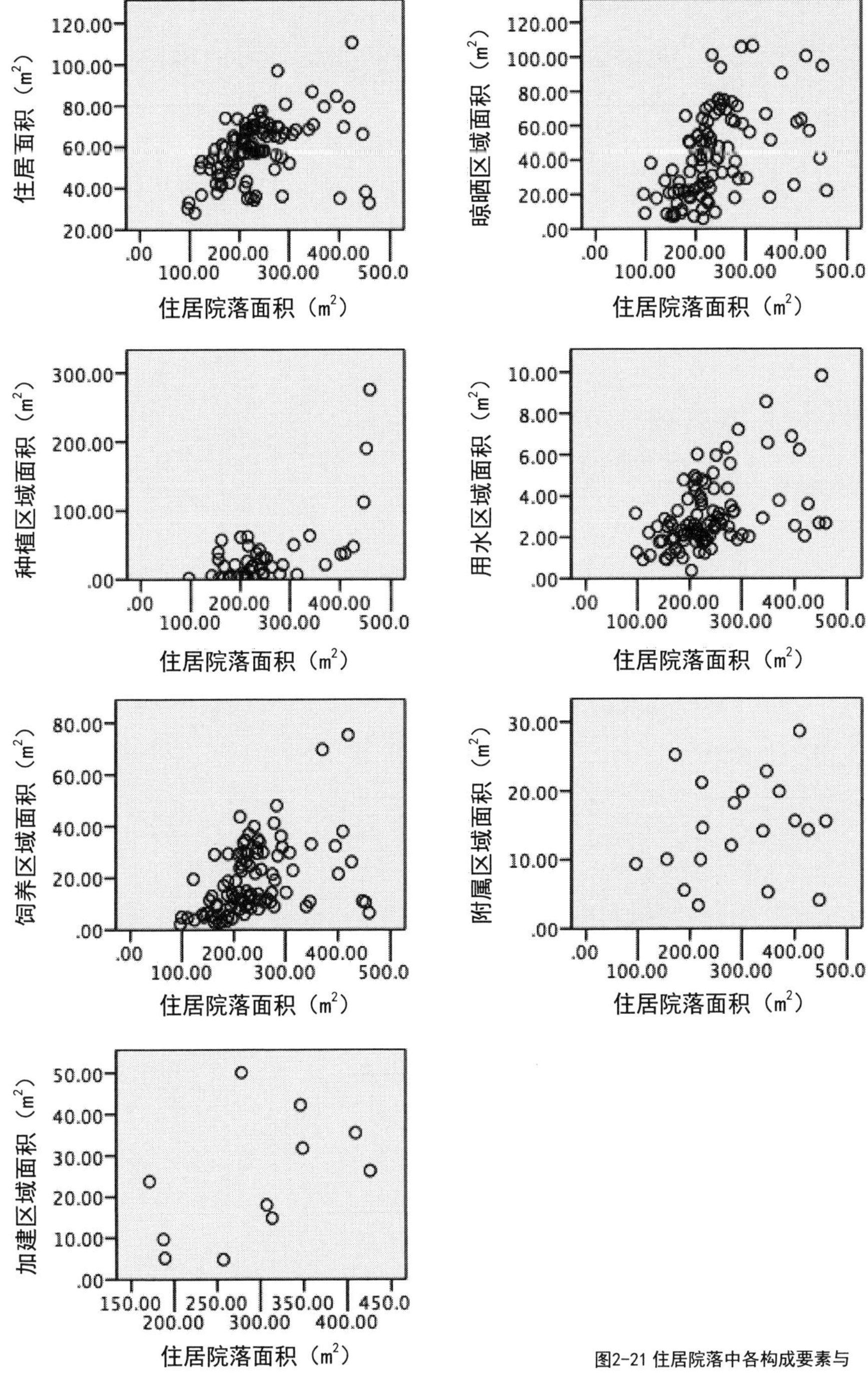

图2-21 住居院落中各构成要素与院落面积的相关性比较

影响外，更多地受到其他因素的影响。

对回归P-P图的观察发现，在翁丁村中拥有中等院落空间的住居中住居实际占地面积比预期值大，拥有较大院落空间的住居中，住居实际占地面积比预期值小（图2-21）。说明翁丁村中住居的面积在随院落面积增大的过程中，总体向一个中间值靠近。

2.3 微观聚落空间分析

在对翁丁村宏观和中观聚落空间进行分析后，下面对翁丁村微观聚落空间进行分析。分析内容包括住居结构网络的尺度规律、住居内部空间布局的规律、住居内部功能布局的规律、住居内部空间面积的规律。

2.3.1 住居结构网络尺寸分析

本节对翁丁村中住居的结构网络尺度进行分析，对翁丁村中101 户住居结构网络尺度的测量和统计，发现住居结构网络尺度的规律，对比各结构网络之间的尺度关系，发现不同形式的结构网络之间的联系。

分析基于对翁丁村101 户住居结构网络的测绘，在CAD 中对各住居的结构网络图进行绘制并量取其两结构柱的柱间距，之后对量取的数据进行列表整理。分析各柱间距的最大值、最小值、平均值，通过对跨度值标准差的计算观察跨度的变化状况。

翁丁村中住居的结构网络形式分别为6×4、5×4、8×4、7×4、5×3、5×2、4×4、4×3、4×2、3×2、2×3，共11 种。

1）6×4

对翁丁村住居结构网络形式进行统计，其中6 开间4 进的住居结构网络样式最多，共有62 个，住居编号分别是A01、A02、A07、A10、A11、A12、A15、A16、A17、A18、A19、A20、A22、A23、A24、A25、A27、A29、B01、B04、B06、B07、B08、

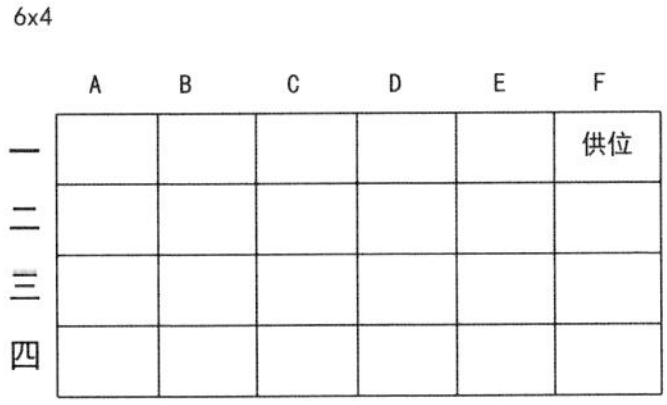

6x4

	A	B	C	D	E	F	最大值	平均值	最小值	百分比	标准差
一						供位	1900	1450	1000	26%	187
二							1850	1296	800	24%	159
三							1700	1293	850	24%	161
四							1900	1441	1050	26%	171
最大值	2800	2100	3000	2900	1900	2200					
平均值	2383	1707	1614	2359	1320	1541					
最小值	1850	850	800	1100	850	950					
百分比	22%	16%	15%	22%	12%	14%					
标准差	214	303	360	359	190	279					

（单位：mm）

图2-22 6×4结构网络尺寸数据统计

B09、B10、B11、B12、B13、B15、B16、B17、B18、B19、B21、B23、B24、B25、B27、C02、C04、C05、C06、C07、C08、C09、C10、C11、C12、C14、C17、C23、C25、C27、C28、C29、C30、C31、C32、C36、D04、E01、E02。

在6个开间中，开间A的和开间D的平均跨度最大，在住居长度中所占百分比最大，平均跨度分别为2383mm和2359mm，所占百分比均为22%；开间F的平均跨度最小，所占百分比也最小，平均跨度为1541mm，所占百分比为14%。经过对开间数值的标准差计算，A开间和E开间的标准差最小，分别为214mm和190mm；B开间、C开间、D开间的标准差较大，分别为303mm，360mm和359mm（图2–22）。

在4个进深跨度中，跨度分布较为平均，一进、四进进深比二进、三进进深略大，一进、四进的平均进深分别为1450mm和1441mm，各占总进深的26%左右；二进、三进深的平均进深分别为1293mm和1296mm，各占总进深的24%左右。

由统计可以看出，在6×4结构网络中，开间方向总体呈现A、D开间大，其他开间小的状态，而开间方向的总长度主要受到B、C、D三个开间的影响较多；进深方向总体呈现平均划分的状态，外围的一进、四进比内部的二进、三进进深略大，一进、二进的进深和基本与三进、四进的进深和相同，各占总进深的50%左右。

2）5×4

经过对结构网络的统计，5开间4进的住居结构网络形式仅次于6开间4进深，在翁丁村中共有14个，住居编号分别是A06、B02、B05、B14、B22、C01、C13、C15、C18、C19、C22、C26、C34、C35。

在5个开间中，开间A的和开间C的平均跨度最大，在住居长度中所占百分比最大，平均跨度分别为2307mm和2300mm，所占百分比均为23%和22%；开间D的平均跨度最小，所占百分比也最小，平均跨度为1718mm，所占百分比为17%。经过对开间数值的标准差计算，F开间标准差最小，分别为274mm；B开间、C开间、D开间的标准差较大，分别为546mm，463mm和593mm。

在4个进深中，二进、四进的进深略小于一进、三进。二进、四进的平均进深分别为1195mm和1307mm，占总进深的23%和25%；一进、三进的平均进深分别为1364mm和1355mm，分别占总进深跨度的26%。

由统计可以看出，在5×4结构网络中，开间方向总体呈现A、C开间大，其他开小的状态，而开间方向的总长度主要受B、C、D三个开间的影响较多；进深方向总体呈现平均划分的状态，一进、三进进深比二进、四进略大，一进、二进进深的和合三进、四进进深的和基本相同，各占总进深的50%左右。

3）其他种类

经过统计，在翁丁村中住居的结构样式还有8×4、7×4、5×3、5×2、4×4、4×3、4×2、3×2、2×3九种。其中8×4有1户、7×4有3户、5×3有5户、5×2有3户、4×4有3户、4×3有3户、4×2有2户、3×2有1户、2×1有1户。

在8×4结构网络中，开间方向上A、D、H开间较大，占总开间的15%~17%，其他开间较为平均；进深方向上一进、四进进深较小，占总进深的22%~24%；内侧的二进、三进进深较大，占总进深的27%。

在7×4结构网络中，开间方向上B、D、E开间较大，占总开间的16%~18%，其他开间较为平均；进深方向的二进、三进进深较小，占总进深的22%~25%；一进、四进进深较大，占总进深的26%~27%。

在5×3结构网络中，开间方向上A、C开间较大，占总开间的23%，E开间较小，占总开间的16%。

在5×2结构网络中，开间方向上E开间较大，占总开间的25%，A开间较小，占总开间的17%；进深方向A05住居和C33住居的一进、二进进深相同，各占总进深的50%，C37住居的一进进深为3950mm，占总进深的86%，占进深方向的主要部分，二进进深为600mm，占总的14%。

在4×4结构网络中，开间方向上C开间较大，占总开间的28%，D开间较小，占总开间的23%；进深方向一进、四进进深略大于二进、三进进深，一进、四进进深平均各占总进深的26%，二进、三进进深各占总进深的24%。一进、二进进深和与三进、四进进深和基本一致。

在4×3 结构网络中，开间方向上B、C 开间较大，各占总开间的27%，D 开间较小，占总开间的22%；进深方向一进的进深较大，平均占总进深的37%，二进、三进进深的和占总进深的60% 左右。

在4×2 结构网络中，B03 住居的A、D 开间较小，B、C 开间较大、其中C 开间最大，跨度为2950mm；C38 住居中，A、D 开间较大，B、C 开间较小。在进深方向，两个住居的两个进深基本相等，跨度在2000~2300mm，各占总进深的50%。

在3×2 结构网络中，B26 住居的三个开间较为接近，B 开间略大，为3000mm，C 开间略小，为2650mm；在进深方向，一进、二进两个进深分别为2750mm 和2100mm，分别占总进深的56% 和43%。

在2×3 结构网络中，住居D1 的A、B 两个开间各占总开间的50%，分别为3350mm；进深方向一进、二进各占总进深的38%，分别为2050mm，三进进深略小，为1300mm，占总进深的24%。

经过统计发现，翁丁村中的11 种结构网络形式在开间方向，各开间的宽度总体在1000~3000mm，各开间的跨度与总开间的比值较为接近，没有尺寸过于突出的开间（图2–23）。

在各种住居网络结构中，开间的形式主要分为三类：第一类是以6 开间为基础的6 开间、7 开间和8 开间；第二类是以5 开间为基础的5 开间和3 开间形式；第三类是4 开间为基础的4 开间和2 开间。

在6 开间类型中，通过各开间在总开间中所占的百分比可以看出，7 开间中的A、B 两个开间相当于6 开间形式中的A 开间；将A、B 开间合并后，其余开间的跨度百分比与6 开间近似。

8 开间中的A、B 开间是6 开间形式中A 开间的分解；8 开间中的E、F 开间是6 开间中D 开间的分解。将A、B 开间和E、F 开间合并后，各开间的跨度百分比与6 开间近似（图2–24）。

	8×4	7×4	6×4	5×4	4×4
一	22%	26%	26%	26%	26%
二	27%	22%	24%	23%	24%
三	27%	25%	24%	26%	24%
四	24%	27%	26%	25%	26%

	5×2	4×2	3×2
一	62%	50%	56%
二	37%	50%	43%

	5×3	4×3	2×3
一	28%	37%	38%
二	28%	31%	38%
三	44%	31%	24%

图2-23 结构网络进深尺寸所占比例统计

在5 开间类型中，通过各开间面宽在总开间中所占的百分比可以看出，在5 开间和3 开间两种形式的开间中，将总开间分为两个部分，一个部分占总跨度的70% 左右，另一个部分占总跨度的30% 左右。5 开间的住居将70% 的部分分成A、B、C 三个开间，将30% 的部分分成D、E 两个开间；3 开间的住居将70% 的部分分成两个部分，将30% 的部分作为单独的一个开间.

在4 开间类型中, 通过各开间面宽在总开间中所占的百分比可以看出，在4 开间和2 开间两种形式中，将总开间平均分为两个部分，各占总开间的50%，其中4 开间的住居将两个50% 的部分再划分出两个面宽相近的开间。

在进深方向，各进进深在1000~2000mm，各进进深与总进深的比值较为接近。在四进和二进的住居结构网络形式中，总进深平分为4 份或2 份。在三进的住居结构网络中，总有一个进深占据50% 左右的总进深，另两个开间平分另一半总进深。

在各种住居网络结构中，进深的形式分为两类：第一类是四进和二进形式；第二类是三进深形式。在四进类型中，通过各进进深在总进深中所占的百分比可以看出，四进和二进的形式中，总进深被从中间均分为两部分，各占总进深的50%，其中四进深的住居将上下两个部分分成了近似的两部分。在三进深的类型中，总进深被分为了3 部分，其中一部分略大于另外两个部分。

2. 3. 2 住居内部空间构成要素的面积分析

本小节是对住居内部各个空间构成要素的面积进行分析。分析包括翁丁村中99 户住居中各空间构成要素面积的最大值、最小值、平均值，以及各住居中各空间构成要素面积的变化情况和各要素面积范围。

对各住居平面图进行测量，得出住居内部前室平台、起居室、内室、供位和晒台的面积，再将各住居的空间构成要素面积进行列表整理，导入到SPSS 中进行分析，通过柱状图，分析各空间构成要素的最大值、最小值、平均值；通过直方图，分析各空间构成要素面积的变化情况以及普遍的面积范围。

		A		B	C	D		E	F
6x4	百分比	22%		16%	15%	22%		12%	14%
		A	B	C	D	E		F	G
7x4	百分比	14%	16%	12%	18%	16%		11%	13%
		A	B	C	D	E	F	G	H
8x4	百分比	17%	10%	10%	15%	11%	10%	10%	17%

图2-24 结构网络面宽尺寸数据统计

1）前室平台面积的分析

在99户住居当中，共有85户设有前室平台，前室平台面积最大的是B27住居，平台面积为13.8m²；前室平台面积最小的是C03住居，平台面积是2.15m²。85户住居前室平台的平均面积是6.43m²（图2–25）。

对85户住居前室平台面积的统计分析表明，前室平台面积总体上呈现正态分布特点，住居的前室平台面积在6~8m²的最多，大部分住居的前室平台面积在3~10m²，少量住居的前室平台面积在3m²以下和10m²以上（图2–26）。

2）起居室面积的分析

在99户住居当中，起居室最大的是C16住居，起居室面积为70.13m²；最小的起居室的是C20住居，起居室面积是22.31m²。99户住居前室平台的平均面积是40.02m²（图2–27）。

对99户住居起居室面积的统计分析表明，起居室面积总体上呈现正态分布特点，住居的起居室面积在36~40m²的最多，大部分住居的前室平台面积在26~50m²，少量住居的前室平台面积在20~26m²和50m²以上（图2–28）。

3）内室面积的分析

在101户住居当中共有98户设有内室，内室最大的是A04住居，内室面积为9m²；内室最小的是C38的住居，内室面积是2.1m²。98户住居内室的平均面积是4.26m²（图2–29）。

对98户住居内室面积的统计分析表明，住居内室面积总体上呈现正态分布特点，大部分住居的内室面积在3.6~4.8m²之间，部分住居的内室面积2~6m²之间，少量住居的内室面积超过6m²（图2–30）。

4）供位面积的分析

在101户住居当中共有99户中设有供位，供位最大的是C11住居，供位面积为3.68m²；供位最小的是C20住居，供位面积是0.54m²。99户住居供位的平均面积是1.92m²（图2–31）。

对99户住居供位面积的统计分析表明，住居供位面积总体上无正态分布特点，大部分住居的供位面积为1~2.6m²，少量住居的供位面积小于1m²或大于2.6m²（图2–32）。

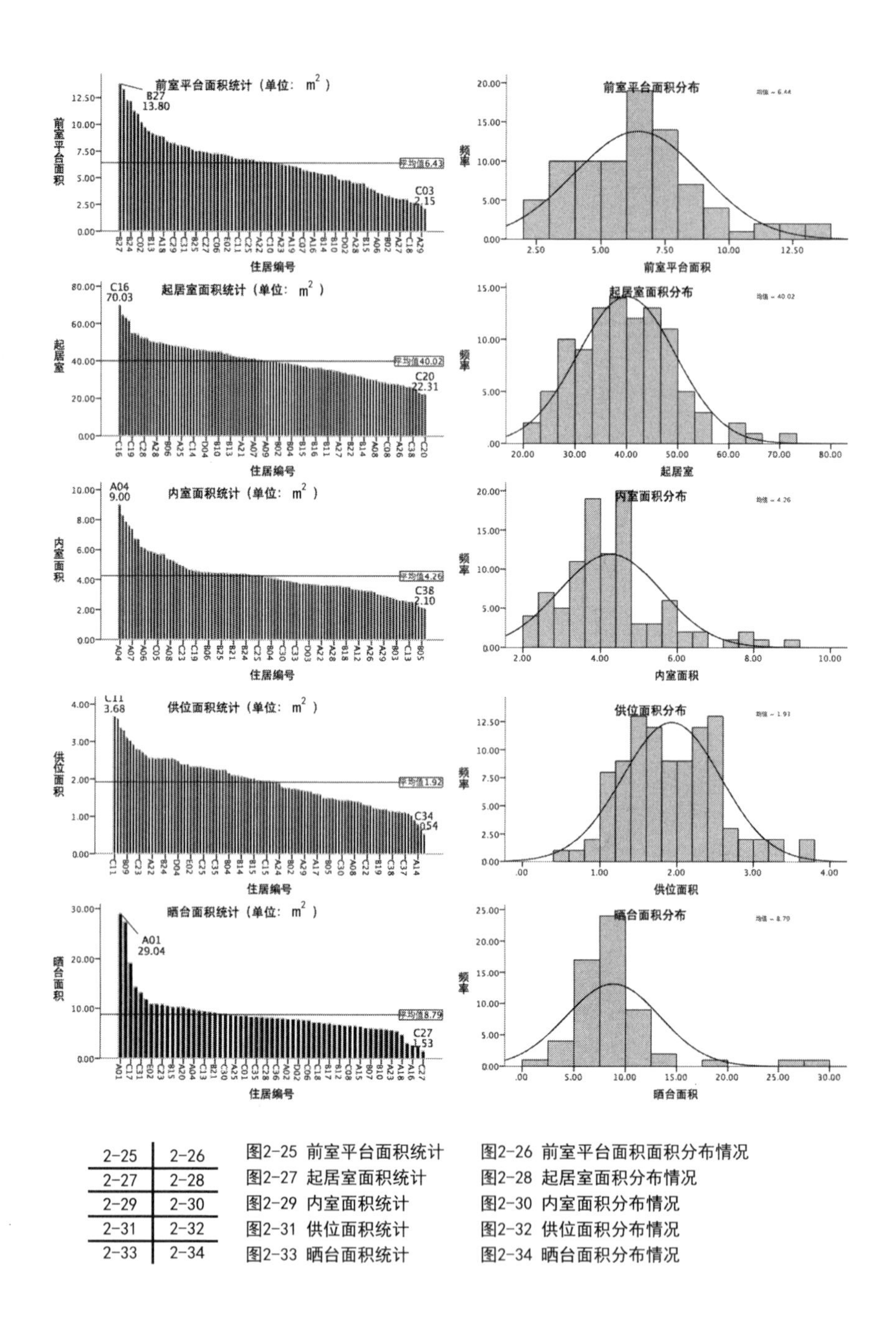

2-25	2-26
2-27	2-28
2-29	2-30
2-31	2-32
2-33	2-34

图2-25 前室平台面积统计　　图2-26 前室平台面积面积分布情况
图2-27 起居室面积统计　　图2-28 起居室面积分布情况
图2-29 内室面积统计　　图2-30 内室面积分布情况
图2-31 供位面积统计　　图2-32 供位面积分布情况
图2-33 晒台面积统计　　图2-34 晒台面积分布情况

5）晒台面积的分析

在101户住居当中设有晒台的有59户，晒台最大的是A01住居，晒台面积为29.04m^2；晒台最小的是C27住居，晒台面积是1.53m^2。59户住居晒台的平均面积是8.79m^2（图2−33）。

对59户住居晒台面积的统计分析表明，住居晒台面积总体上呈现正态分布特点，住居的晒台面积7.5~10m^{2}的最多，大部分住居的晒台面积为5~12.5m^2，少量住居的晒台面积小于5m^{2}或大于12.5m^2（图2−34）。

对翁丁村住居中各功能区域面积统计：

前室平台的面积范围为6m^{2}到8m^2；

起居室的面积范围为26m^{2}到50m^2；

供位的面积范围为1m^{2}到2.6m^2；

内室的面积范围为3.6m^{2}到4.8m^2；

晒台的面积范围为7.5m^{2}到10m^2。

统计结果表明在住居内，起居室包含着多种使用功能，也拥有最大的面积，而其他的空间中，功能性或辅助性的前室和晒台面积较大，而更为私密的内室和供位面积则较小。

住居面积与其内部空间构成要素面积关系的分析如下：

静态影响关系是指各空间构成要素在住居面积中所占的比例，通过分析各空间构成要素在住居面积中的比例，分析住居的面积对于各空间构成要素面积总体的影响。

动态影响关系是指各空间要素面积在住居面积发生变化时，各自的变化情况。通过分析各空间要素面积变化的多少，分析住居面积与各空间构成要素面积影响程度。

静态影响关系通过汇总99户住居中住居面积以及各空间构成要素的面积在住居面积中所占的比例完成。

动态影响关系通过对99户住居中住居面积与各空间构成要素面积数据的相关性分析和回归拟合完成。首先绘制散点图，观察住居面积与各空间要素面积数据点的变化关系，通过散点图判断数据间是否存在一定的相关关系，再通过回归分析，对存在相关关系的两组数据的变化情况进行回归拟合，发现两组数据的影响关系和影响强度。

1）静态影响关系：

对99户住居中住居面积以及各空间构成要素的面积和各要素在住居面积中所占的比例的统计表明，在住居内部占最大的是起居室，平均占住居面积的72%；其次是入口的前室平台，平均占住居面积的9%；晒台面积平均占住居面积的8%；内室面积平均占住居面积的8%；供位面积平均占住居面积的3%。

从数据中看出，住居面积对起居室面积的静态影响最大，对供位面积的静态影响最小。

2）动态影响关系

分析发现，在住居与各空间构成要素的散点图中，住居面积与供位面积；住居面积与起居室面积存在着一定的相关性，其中住居面积与起居室面积存着这较强的线性相关表现。其他构成要素面积与住居面积的散点图数据点分布较为散乱，未呈现相关性。

（1）住居面积与供位面积

将供位面积作为因变量（y），住居面积作为自变量（x），对两组数据进行线性回归拟合。

得到的回归方程为：$y=0.026x+0.372$。F检验中，F值为54.048，显著性（*Sig.*）为0.000，T检验中，显著性（*Sig.*）为0.000，模型的拟合度（R^2）为0.358。

回归结果显示回归系数（B）为0.026，即当住居面积扩大1m^{2}时，住居的火塘面积随之增大0.026　；在F检验和T检验中，显示回归具有显著性，说明回归模型效果明显；在模型拟合度中显示模型拟合度较低，说明回归模型对实际情况的解释度不高。

回归分析表明，住居面积对供位面积具有较低程度的影响，影响效果也不明显，说明住居面积的变化可能会引起供位面积的变化，但供位面积的变化主要是受其他一些因素的影响。

对回归P-P图的观察发现，在翁丁村中住居供位面积在随住居面积变化时，数据波动较大，总体数据在预期值附近分布，但上下波动并无规律（图2-35）。

（2）住居面积与起居室面积

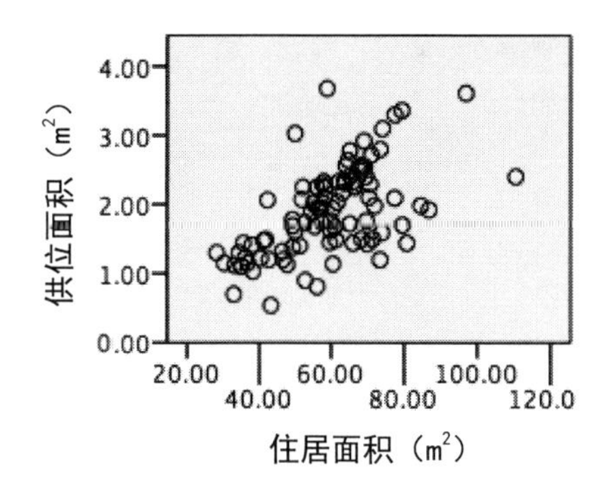

图2-35 住居面积与供位面积的关系比较

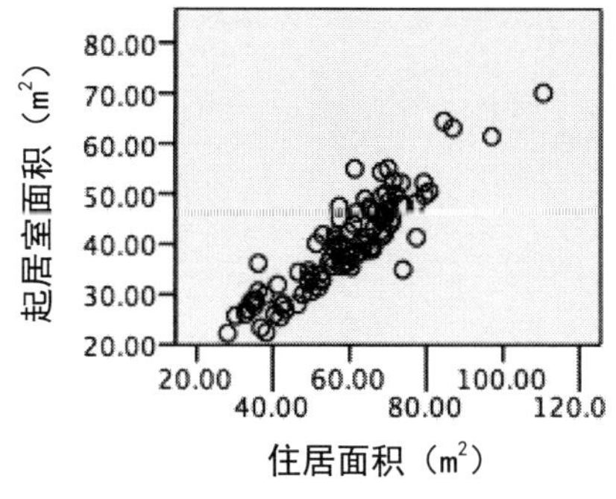

图2-36 住居面积与起居室面积的关系比较

将起居室面积作为因变量（y），住居面积作为自变量（x），对两组数据进行线性回归拟合。

得到的回归方程为：$y=0.578x+5.842$。F 检验中，F 值为408.867，显著性（*Sig.*）为0.000，T 检验中，显著性（*Sig.*）为0.000，模型的拟合度（R^2）为0.805。

回归结果显示回归系数（B）为0.578，即当住居面积扩大1m²时，住居的火塘面积的随之增大0.578m²；在F 检验和T 检验中，显示回归具有显著性，说明回归模型效果明显；在模型拟合度中显示模型拟合度强，说明回归模型对实际情况具有很强的解释度。

回归分析发现，住居面积对于起居室面积具有很高程度的影响，影响效果很明显，说明住居面积对起居室的面积具有决定性的影响。

对回归P-P 图观察发现，在翁丁村中住居起居室面积在随住居面积变化时，数据波动较小，总体围绕着预期的回归曲线分布（图2-36）。

翁丁村中住居内部的空间要素中，住居面积对于起居室面积的影响最大，同时住居面积的变化对于供位的面积也存在着一定的影响，但影响强度不大，影响效果也不明显。住居中的内室、前室平台和晒台面积与住居的面积受到住居面积的限制，但这三项住居内部的空间构成要素面积的变化与住居面积的变化并无直接关系。

住居内部空间构成要素布局的分析如下：

对翁丁村中99 户住居内部空间构成要素位置分布进行列表整理，对各空间构成要素分布的基本规律进行总结，然后计算各空间构成要素在平面中的重心，归纳各空间要素的布局规律。

在住居平面中建立平面直角坐标系，计算各空间要素在平面中的重心位置。以平面中心点为坐标轴零点，住居长边方向为x 轴、住居短边方向为y 轴，建立平面直角坐标系。在坐标系中，以每户住居中都有的供位作为参照对象，将住居平面图进行翻转或景象的调整后，将供位固定在坐标轴的第二象限区域内。

将所有住居平面图按照以上的规则进行叠合后，对各空间构成要素重心进行计算和

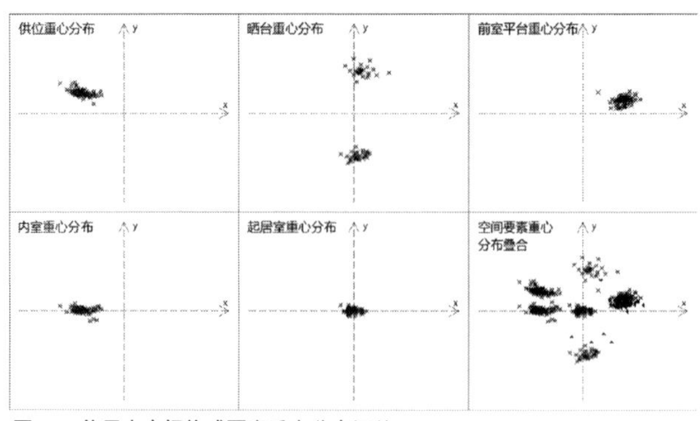

图2-37 住居内空间构成要素重心分布汇总

汇总，得到其在平面坐标系中的普遍分布重心点（图2-37）。

对各空间要素在99户住居中的位置进行列表整理，可发现各空间构成要素的普遍分布规律。

1）前室平台

对翁丁村中99户住居前室平台位置列表整理，发现翁丁村中有前室平台的95户住居中，前室平台的位置和住居的入口位置保持一致。

2）供位

对翁丁村中99户住居供位位置列表整理，发现翁丁村中住居的供位普遍分布在住居平面的一个角上。与入口位置关系对比发现，住居的入口在住居平面短边上的95户住居中，住居的供位与入口总是处于短边正中轴线的一侧。住居入口在住居平面长边上的6户住居中，C19、C20、C22、C33中的供位与入口分别处于两条轴线的两侧，而住居C38中供位与入口处于短边正中轴线的同一侧，长边正中轴线的两侧。

3）内室

对翁丁村中99户住居内室位置列表整理，发现翁丁村中住居的内室普遍分布在住居室内短边方向的中轴线上，位于室内的尽端。通过与入口位置关系的对比发现，住居入口在住居平面短边上的95户住居中，住居的内室远离住居的入口位置；住居入口在住居平面长边上的6户住居中，C20、C22、C33、C38的内室位置远离入口，而C19中内室的位置与入口的位置较为靠近。

4）晒台

对翁丁村中99户住居晒台位置列表整理，发现翁丁村中有晒台的59户住居中，晒台普遍位于住居的长边正中轴线附近。与住居入口位置对比发现，有28户住居的入口与晒台处于短边正中轴线的同侧，有31户住居的入口与晒台处于短边正中轴线的两边。

对全部住居各空间构成要素的重心进行计算后发现，当供位重心处于第四象限时，前室平台的重心普遍分布在靠近x轴的第一象限内，内室的重心普遍分布在x轴负方向的坐标轴上，晒台的重心有两个集中分布区域，分别是y轴正方向坐标轴上和y轴负方

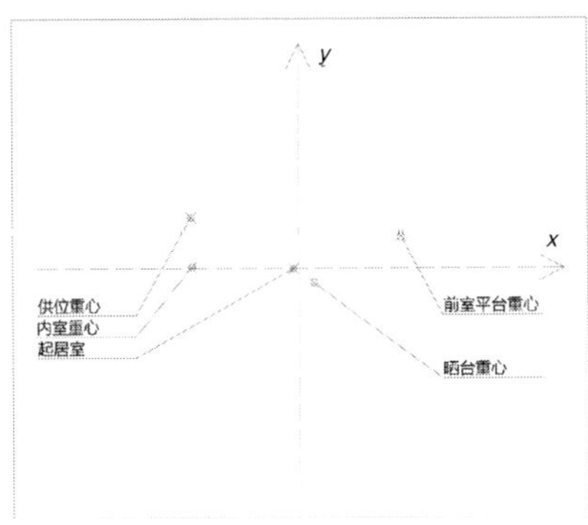

图2-38 住居内空间构成要素重心分布

向坐标轴上，两个区域呈现出一定的相对于坐标原点对称的状态，起居室的重心分布在坐标原点附近。

对所有住居中各空间构成要素的重心点进行汇总计算得到各空间构成要素的普遍分布重心点（图2-38）：供位的普遍分布重心坐标为（-4534，2055），内室的普遍分布重心坐标为（-4495，63），起居室的普遍分布重心坐标为（-223，0），晒台的普遍分布重心坐标为（613，-560），前室平台的普遍分布重心坐标为（4257，1262）。

住居中的起居室、晒台的普遍分布重心点在坐标轴的原点附近，内室的普遍分布重心在坐标轴的*y* 轴上，供位和前室平台的普遍分布重心点距离坐标原点较远。

各空间构成要素普遍分布重心在平面直角坐标系中的位置反映的是住居内各空间构成要素在住居平面中分布的状态。从分析结果，可以看到翁丁村的住居中，居民在修建住居时，住居中的晒台和住居的起居室是围绕住居的平面中心分布的，而住居的内室在建造时，总是被放置在住居长边方向的正中轴线上，而供位和前室平台总是远离住居的平面中心，并且也远离住居的轴线。

2.3.3 住居内部功能区域面积的分析

对住居内部各个功能区域的面积的分析，包括翁丁村中99 户住居中各功能区域中主人区域、会客区域、餐厨区域、卧室区域、生水区域、储藏区域、祭祀区域、火塘的面积最大值、最小值、平均值，以及各住居中各功能区域面积的变化情况和各区域面积范围。功能区域中的火塘区域与火塘在空间中所占的面积相同，所以暂不对火塘区域的面积进行分析。通过对各住居平面图的测量，得出住居内部主人区域、会客区域、餐厨区域、卧室区域、生水区域、储藏区域、祭祀区域、火塘的面积，将各住居的功能区域面积进行列表整理，导入到SPSS 中进行分析，通过柱状图，分析各功能区域的最大值、最小值、平均值；通过直方图，分析各功能区域面积的变化情况以及面积范围。

1）主人区域面积的分析

在99 户住居中，拥有最大主人区域的住居是A01 住居，主人区域面积为9m^2；拥有最小主人区域的是A26住居，主人区域面积是1.79m^2。99户住居主人区域的平均面积是4.8m^2（图2-39）。对99户住居主人区域面积的统计分析表明，住居主人区域面积总体上呈现正态分布特点，住居的主人区域面积在7~7.5m^{2}之间的最多，大部分住居的主人区域面积值分布在3~6.5m^2，少量住居的主人区域面积小于3m^{2}或大于7.5m^2（图2-40）。

2）会客区域面积的分析

在99户住居中，拥有最大会客区域的是C16住居，会客区域面积为15.63m^2；拥有最小会客区域的是A27住居，会客区域面积是1.88m^2。99户住居会客区域的平均面积是7.11m^2（图2-41）。对99户住居会客区域面积的统计分析表明，住居会客区域面积总体上呈现正态分布特点，住居的会客区域面积在6~7m^{2}的最多，大部分住居的会客区域面积在3~10m^2，少量住居的会客区域面积小于3m^{2}或大于10m^2（图2-42）。

3）餐厨区域面积的分析

在99户住居中，拥有最大餐厨区域的是C19住居，餐厨区域面积为14.43m^2；拥有最小餐厨区域的是C20住居，餐厨区域面积是1.46m^2。99户住居餐厨区域的平均面积是5.55m^2（图2-43）。对99户住居餐厨区域面积的统计分析表明，住居餐厨区域面积总体上呈现正态分布特点，住居的餐厨区域面积在4~6m^{2}之间的最多，大部分住居的餐厨区域面积在2~6m^{2}区间内，少量住居的餐厨区域面积小于2m^{2}或大于6m^2（图2-44）。

4）卧室区域总面积的分析

卧室区域总面积是住居内主卧区域与次卧区域的面积总和，在99户住居中，拥有最大卧室区域的是A04住居，卧室区域总面积为17.23m^2；拥有最小卧室区域的是C09住居，卧室区域总面积是1.76m^2。99户住居的卧室区域平均面积是7.92m^2（图2-45）。对99户住居卧室区域总面积的统计分析表明，住居卧室区域总面积总体上呈现正态分布特点，住居的卧室总面积在6~8m^{2}的最多，大部分住居的卧室总面积在6~10m^2，少量住居的卧室总面积小于4m^{2}或大于10m^2（图2-46）。

5）主卧区域面积的分析

在99户住居中，最大的主卧区域是A04住居，主卧区域面积为9m^2；最小的主卧

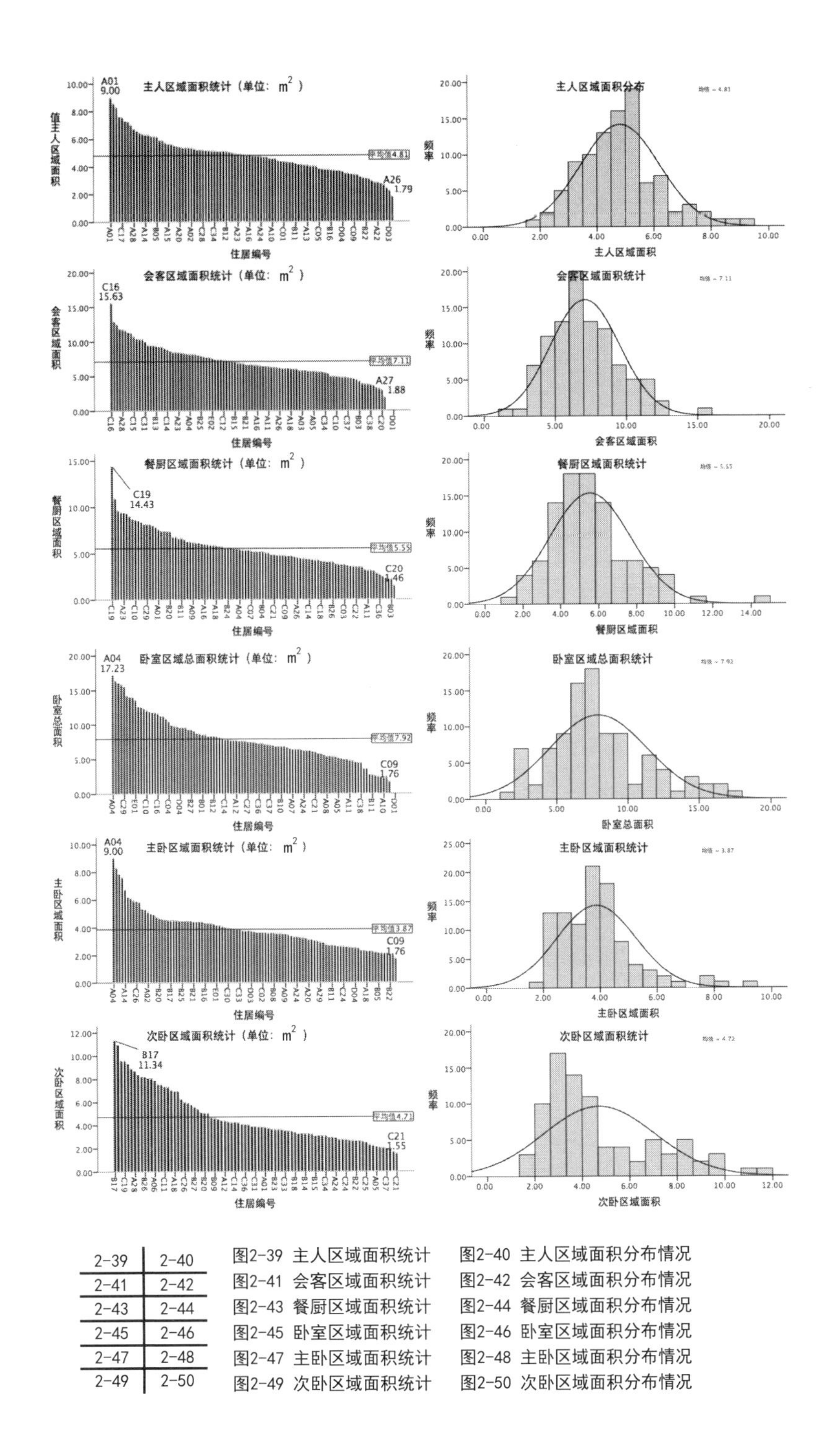

2-39	2-40
2-41	2-42
2-43	2-44
2-45	2-46
2-47	2-48
2-49	2-50

图2-39 主人区域面积统计　图2-40 主人区域面积分布情况
图2-41 会客区域面积统计　图2-42 会客区域面积分布情况
图2-43 餐厨区域面积统计　图2-44 餐厨区域面积分布情况
图2-45 卧室区域面积统计　图2-46 卧室区域面积分布情况
图2-47 主卧区域面积统计　图2-48 主卧区域面积分布情况
图2-49 次卧区域面积统计　图2-50 次卧区域面积分布情况

区域是C09住居，主卧区域面积是1.76m^2。99户住居主卧区域的平均面积是3.87m^2（图2-47）。对99户住居主卧区域面积的统计分析表明，住居主卧区域面积总体上无正态分布特点，住居的主卧区域面积在3.5~4.5m^{2}的最多，大部分住居的主卧区域面积在2~5m^{2}区间内，少量住居的主卧区域面积小于2m^{2}或大于5m^2（图2-48）。

6）次卧区域面积的分析

在99户住居中，共有85户住居中有次卧区域，拥有最大次卧区域的是B17住居，次卧区域面积为11.34m^2；拥有最小次卧区域的是C21住居，次卧区域面积是1.56m^2。85户住居次卧区域的平均面积是4.71m^2（图2-49）。对85户住居次卧区域面积的统计分析表明，住居次卧区域面积总体上无正态分布特点，大部分住居的次卧区域面积在2.5~4.5m^2，部分住居的次卧区域面积在2~10m^2，少量住居的次卧区域面积小于2m^{2}或大于10m^2（图2-50）。

7）生水区域面积的分析

在99户住居中，共有70户设有生水区域，拥有最大生水区域的是A19住居，生水区域面积为6.17m^2；拥有最小生水区域的是C20住居，生水区域面积是0.54m^2。70户住居生水区域的平均面积是2.19m^2（图2-51）。对70户住居生水区域面积的统计分析表明，住居生水区域面积总体上无正态分布特点，大部分住居的生水区域面积在3.5m^{2}以下，少量住居的生水面积大于3.5m^2（图2-52）。

8）储藏区域面积的分析

在99户住居中，拥有最大储藏区域的是C17住居，储藏区域面积为44.64m^2；拥有最小储藏区域的是C20住居，储藏区域面积是1.12m^2。99户住居储藏区域的平均面积是15.39m^2（图2-53）。对99户住居储藏面积的统计分析表明，住居储藏面积总体上不呈现正态分布特点，储藏区域的面积分布较为散乱，住居的储藏区域面积集中在0~5m^2、12~20m^{2}这两个区间内，大部分住居的储藏区域面积在10~20m^{2}内，少量住居的储藏区域面积大于30m^2（图2-54）。

9）祭祀区域面积的分析

在99户住居中，拥有最大祭祀区域的是C17住居，祭祀区域面积为7.22m^2；拥有

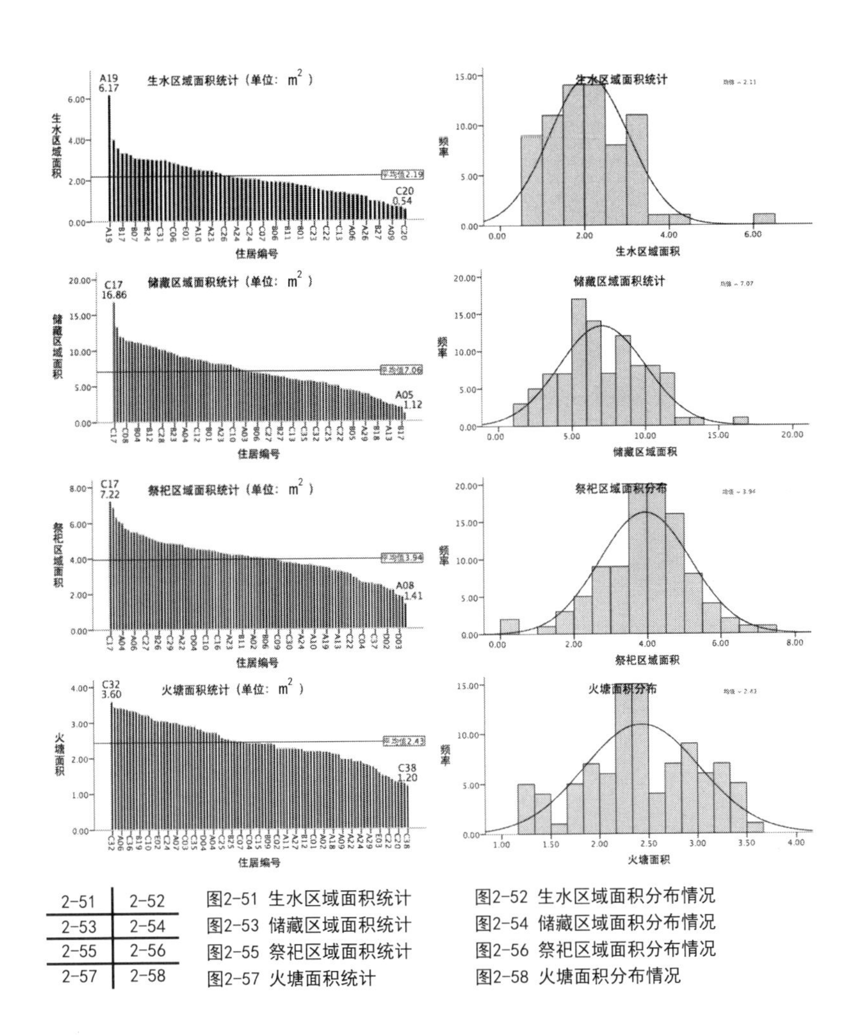

2-51	2-52
2-53	2-54
2-55	2-56
2-57	2-58

图2-51 生水区域面积统计
图2-52 生水区域面积分布情况
图2-53 储藏区域面积统计
图2-54 储藏区域面积分布情况
图2-55 祭祀区域面积统计
图2-56 祭祀区域面积分布情况
图2-57 火塘面积统计
图2-58 火塘面积分布情况

最小祭祀区域的是A08住居，祭祀区域面积是1.41m²。99户住居祭祀区域的平均面积是3.94m²（图2-55）。对99户住居祭祀面积的统计分析表明，住居祭祀面积总体上呈现正态分布特点，住居的祭祀区域面积在3.5~4.2m²的最多，大部分住居的祭祀区域面积在2.5~5m²，少量住居的储藏区域面积小于2.5m²或大于5m²（图2-56）。

10）火塘面积的分析

在101户住居当中共有96户设有火塘，拥有最大火塘的是C32住居，火塘面积为3.6m²；拥有最小火塘的是C38住居，火塘面积是1.2m²。96户住居的火塘平均面积是2.43m²（图2-57）。对96户住居火塘面积的统计分析表明，火塘面积总体上呈现正态分布特点，住居的火塘面积在2.2~2.5m²的最多，大部分住居的火塘面积在1.5~3.5m²区间内，少量住居的火塘面积小于1.5m²或大于3.5m²（图2-58）。

对翁丁村住居中各功能区域面积进行统计，在住居中：主人区域的面积范围为3~6m²；会客区域的面积范围为3~10m²；餐厨区域的面积范围为2~6m²；卧室区域的面积范围为6~10m²；主卧区域的面积范围为2~5m²；次卧区域的面积范围为2.5~4.5m²；生水区域的面积范围为0.5~3.5m²；储藏区域的面积范围为10~20m²；祭祀区域的面积范围为2.5~5m²；火塘区域的面积范围为1.5~3.5m²。通过统计得出，在住居内储藏区域所占的面积最大，而最小的是火塘区域和祭祀区域。统计的结果显示具有更强的功能性的和在生活中劳动性和辅助性的功能空间拥有更大的面积，而具有精神性和象征性的功能区域则拥有更小的面积。

住居内部功能区域面积关系性的分析如下：

对住居面积与各功能区域之间面积的影响关系的分析，包括静态影响关系和动态影响关系两个部分。静态影响关系是指各功能区域面积在住居面积中所占的比例，通过分析各功能区域在住居面积中的比例，分析住居的面积对各功能区域面积总体的影响。动态影响关系是指各功能区域面积在住居面积发生变化时各自的变化情况。通过各功能区域面积变化的多少，分析住居面积与各功能区域面积影响程度。

首先绘制散点图，观察住居面积与各功能区域面积数据点的变化关系，通过散点图判断数据间是否存在一定的相关关系，再通过回归分析，对存在相关关系的两组数据的变化情况进行回归拟合，发现两组数据的影响关系和影响强度。

1）静态影响关系

统计99户住居中住居面积，以及各功能区域的面积和各区域在住居面积中所占的比例，各功能区域面积的总和平均占住居面积的79.9%，其余的部分为住居内的交通或功能模糊空间。

住居内部占比例最大的是储藏区域面积，平均占住居面积的25%；其次是卧室区域面积，平均占住居面积的13%；会客区域面积平均占住居面积的12%；餐厨区域面积平均占住居面积的9%；主人区域面积平均占住居面积的8%；祭祀区域平均占住居面积的7%；火塘平均占住居面积的4%；生水区域平均占住居面积的2%。

从数据中看出，住居面积对储藏区域面积的静态影响最大，对生水区域面积的静态影响最小。

2）动态影响关系

分析发现，在住居与各功能区域面积的散点图中，住居面积与主人区域面积，住居面积与会客区域面积，住居面积与餐厨区域面积，住居面积与火塘面积存在着一定的相关性，在功能区域中，次卧区域面积与卧室总面积的散点图中，两个要素之间呈现一定的相关性。其他构成要素面积与住居面积的散点图数据点分布较为散乱，未呈现相关性。

（1）住居面积与主人区域面积

将住居主人区域面积作为因变量（*y*），住居面积作为自变量（*x*），对两组数据进行线性回归拟合。

得到的回归方程为：$y=0.07x+0.653$。*F* 检验中，*F* 值为114.323，显著性（*Sig.*）为0.000，*T* 检验中，显著性（*Sig.*）为0.000，模型的拟合度（R^2）为0.544（图2–59）。

回归结果显示回归系数（*B*）为0.07，即当住居面积扩大1m^2时，住居的主人区域

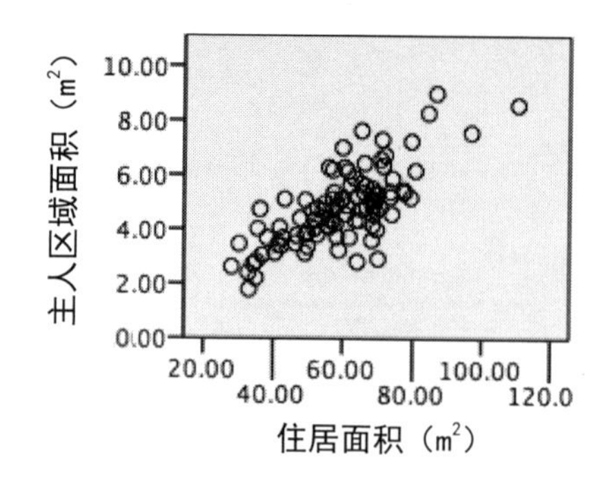

图2-59 住居面积与主人区域面积关系比较

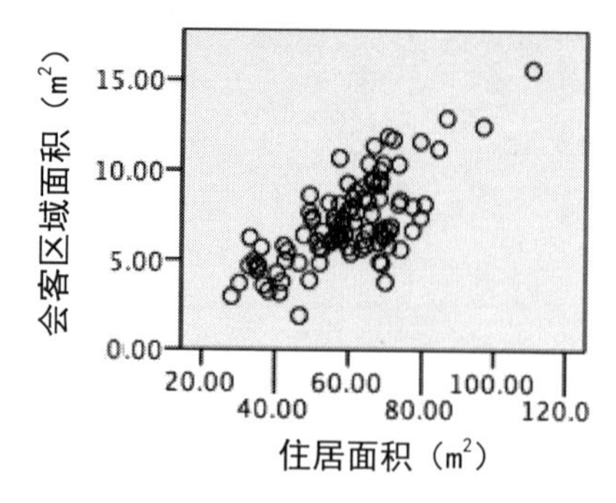

图2-60 住居面积与会客区域面积关系比较

面积的增长量为0.07m²；在*F*检验和*T*检验中，显示回归具有显著性，说明回归模型效果明显；在模型拟合度中显示模型拟合度中等，说明回归模型对实际情况具有一定的解释度。

回归分析表明，住居面积对住居的主人区域面积大小具有较高程度的直接影响，说明主人区域面积主要受住居面积的影响，同时也受到其他因素的共同影响。

对回归P-P图观察发现，在翁丁村中住居的主人区域面积在随住居面积变化时，拥有较小面积的住居中，主人区域相比预期值偏大，而拥有中等住居面积的住居中主人区域的面积比预期值偏小。主人区域数据分布的波动性较强，但总体上较为接近预期值。

（2）住居面积与会客区域面积

将会客区域面积作为因变量（y），住居面积作为自变量（x），对两组数据进行线性回归拟合。

得到的回归方程为：y=0.119x+0.21。*F*检验中，*F*值为99.88，显著性（*Sig.*）为0.000，*T*检验中，显著性（*Sig.*）为0.000，模型的拟合度（R^2）为0.510（图2-60）。

回归结果显示回归系数（*B*）为0.119，即当住居面积扩大1m²时，住居的会客区域面积的增长量为0.119m²；在*F*检验和*T*检验中，显示回归具有显著性，说明回归模型效果明显；在模型拟合度中显示模型拟合度中等，说明回归模型对实际情况的解释度一般。

回归分析表明，住居面积对住居的会客区域面积大小具有较低程度的直接影响，说明会客区域面积主要受到其他因素的影响。

对回归P-P图观察发现，在翁丁村中住居的会客区域面积在随住居面积变化时，数据分布的波动性较强，但总体上较为接近预期值。

（3）住居面积与餐厨区域面积

将住居餐厨区域面积作为因变量（y），住居面积作为自变量（x），对两组数据进行线性回归拟合。

得到的回归方程为：y=0.079x+0.817。*F* 检验中，*F* 值为40.951，显著性（*Sig.*）为0.000，*T* 检验中，显著性（*Sig.*）为0.000，模型的拟合度（R^2）为0.299（图2-61）。

回归结果显示回归系数（*B*）为0.079，即当住居面积扩大1m^{2}时，住居的会客区域面积的增长量为0.079m^2；在*F* 检验和*T* 检验中，显示回归具有显著性，说明回归模型效果明显；在模型拟合度中显示模型拟合度较低，说明回归模型对实际情况的解释度较低。

回归分析表明，住居面积对住居的会客区域面积大小具有较高的直接影响，说明餐厨区域面积主要受住居面积的影响，同时也受到其他因素的影响。

对回归P-P 图观察发现，在翁丁村中住居的餐厨区域面积在随住居面积变化时，拥有较小住居面积的住居中，餐厨区域面积比预期值偏大，拥有中等住居面积的住居中餐厨区域偏小，拥有较大住居面积的住居中，餐厨区域面积与预期值接近。说明餐厨区域在拥有中小面积的住居中，面积总体趋向于一个中间值分布。餐厨区域数据总体的分布波动性较强，部分区域距离预期值较远。

（4）住居面积与火塘面积

将火塘面积作为因变量（y），住居面积作为自变量（x），对两组数据进行线性回归拟合。

得到的回归方程为：y=0.026x+0.851。*F* 检验中，*F* 值为72.556，显著性（*Sig.*）为0.000，*T* 检验中，显著性（*Sig.*）为0.000，模型的拟合度（R^2）为0.436（图2-62）。

回归结果显示回归系数（*B*）为0.026，即当住居面积扩大1m^{2}时，住居的火塘面积随之增大0.026m^2；在*F* 检验和*T* 检验中，显示回归具有显著性，说明回归模型效果明显；在模型拟合度中显示模型拟合度中等，说明回归模型对实际情况具有一定程度的解释度。

回归分析表明，住居面积对火塘面积具有较低程度的影响，但影响效果较为明显，说明住居面积对火塘面积具有一定影响，但火塘面积大小主要受到其他一些因素的影响。

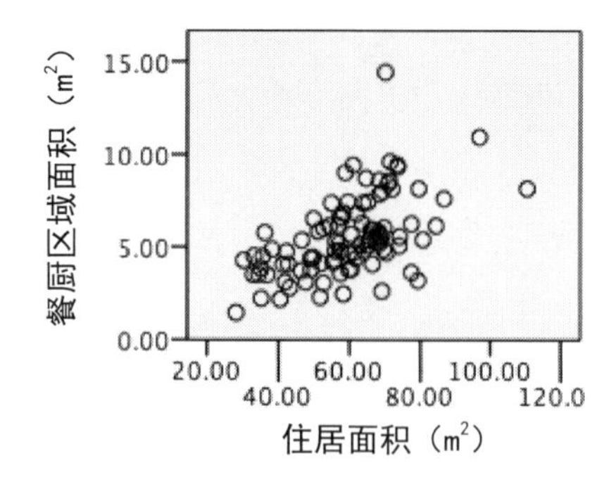

图2-61 住居面积与餐厨区域面积关系比较

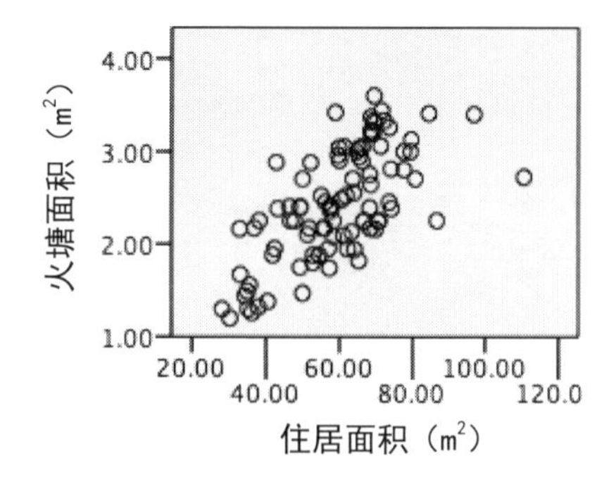

图2-62 住居面积与火塘面积关系比较

对回归P-P图观察发现，在翁丁村中住居火塘面积在随住居面积变化时，数据波动较大，但总体上围绕着预期的回归曲线分布。其中在不同的住居面积区间内，火塘面积呈现趋向某几个中间值分布。

（5）卧室区域总面积与次卧区域面积

将次卧区域面积作为因变量（y），卧室区域总面积作为自变量（x），对两组数据进行线性回归拟合。

得到的回归方程为：$y=0.696x-1.321$。F检验中，F值为366.791，显著性（*Sig.*）为0.000，T检验中，显著性（*Sig.*）为0.000，模型的拟合度（R^2）为0.815（图2-63）。

在F检验和T检验中，显示回归具有显著性，说明回归模型效果明显；在模型拟合度中显示模型拟合度强，说明回归模型对实际情况有很强解释度。

回归分析表明，住居次卧区域面积对住居的卧室区域总面积大小具有很高程度的直接影响，说明卧室区域的总面积在一定程度上受到主卧区域面积的影响时，主要受次卧区域面积的影响。

对回归P-P图观察发现，在翁丁村中住居的次卧区域面积在随卧室区域总面积变化时，数据总体分布与预期值拟合度较高。

对要素之间关系的回归分析表明，翁丁村中住居面积对于住居内部的主人区域、会客区域、餐厨区域的面积具有较为直接的影响。通过比较各要素与住居面积的回归系数（B），发现住居与会客区域的回归系数最大，为0.119；与餐厨区域的回归系数为0.079；与主人区域的回归系数为0.07。回归系数表明，发现住居面积对会客区域的影响最大，对于餐厨区域和主人区域也有较大的影响。同时住居面积对于火塘的面积具有一定的影响，但影响程度并不强。在分析中发现，各回归中的拟合度水平并不高，回归与实际情况具有较大的偏差，说明各要素面积的变化并不仅仅是各要素之间面积的相互影响，而是与其他一些因素也有很强的关系性。

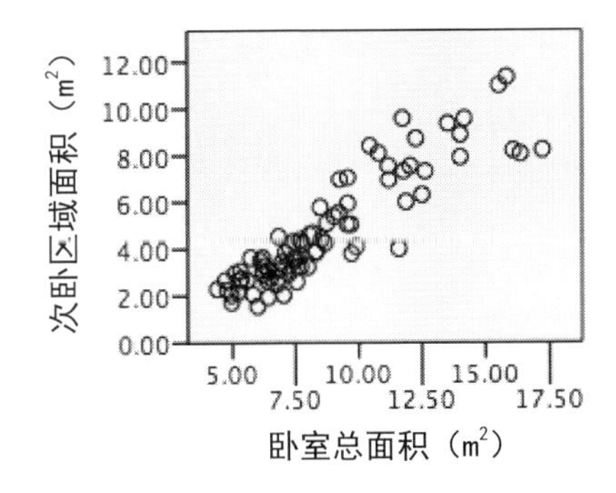

图2-63　卧室总面积与次卧区域面积关系比较

2.3.4　住居内部功能区域布局的分析

首先对翁丁村中99户住居内部功能区域的范围和分布列表整理，对各功能区域分布的基本规律进行总结，然后通过对各空间构成要素在平面中重心的计算，归纳各空间要素的布局规律。

为了计算各功能区域在平面中的重心位置，按照计算空间构成要素重心时的规则，对各功能区域的普遍分布重心位置在坐标系中进行计算。通过对各空间要素在99户住居中的位置进行列表整理，发现各功能区域的普遍分布规律。

1）主人区域

通过对翁丁村中99户住居主人起居位置的列表整理，发现翁丁村中住居的主人区域普遍分布在住居中心附近、短边正中轴线上远离入口的一侧。

2）主卧区域

通过对翁丁村中99户住居主人卧室位置的列表整理，发现翁丁村中大部分住居的主卧区域与住居的内室一致，A10、A18、A19、A20、A23、A26、A27、B04、B08、B09、B11、B13、B22、B24、B26、C02、C03、C04、C05、C08、C09、C17、C18、C24、C29、C34、C35、C36、D02、D04住居共30户的主卧区域位于主人区域内。

3）次卧区域

通过对翁丁村中99户住居中除主人外其他家庭成员卧室位置的列表整理，发现翁丁村中大部分住居的次卧区域分布在入口附近，A06、B27、C01的次卧区域位于主人区域内，A18、A28、B17、C02、C04、C17、C29、C35的次卧区域位于内室内或内室旁边。

4）会客区域

通过对翁丁村中99户住居会客位置的列表整理，发现翁丁村中住居的会客区域普遍分布在长边方向的正中轴线上。入口在短边的住居中，会客区域与住居的入口处于轴线的同侧；入口在长边的住居中，会客区域与住居入口处于长边方向轴线的两边。

5）餐厨区域

通过对翁丁村中99户住居餐厨位置的列表整理，发现翁丁村中大部分住居的餐厨

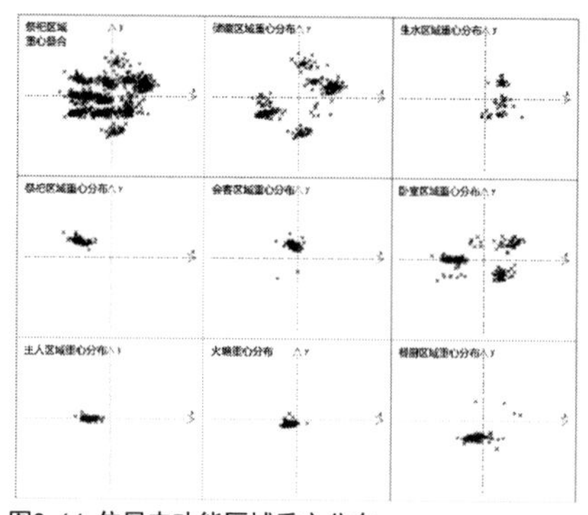

图2-64 住居内功能区域重心分布

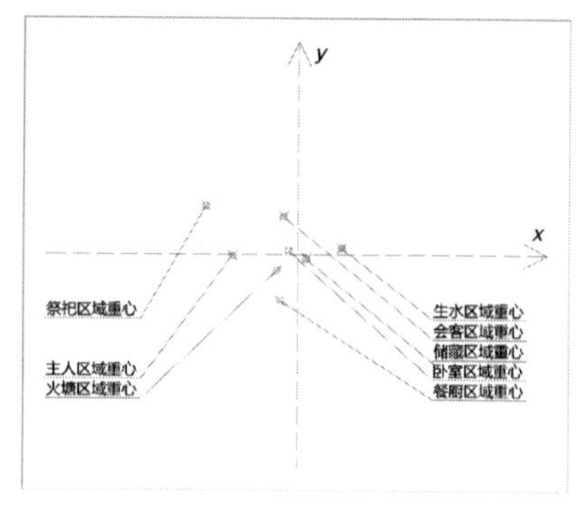

图2-65 功能区域重心分布

区域分布在长边正中轴线的附近，C16、C22、C28、C33、C38 位于住居入口附近。C19 位于住居的远离供位的一端。

6）生水区域

通过对翁丁村中99 户住居生水位置的列表整理，发现翁丁村中大部分住居的生水区域位于入口附近。

7）储藏区域

通过对翁丁村中99 户住居储藏位置的列表整理，发现翁丁村中大部分住居的储藏区域分布在住居的四个角附近。

8）祭祀区域

通过对翁丁村中99 户住居祭祀位置的列表整理，发现翁丁村中大部分住居的祭祀行为主要发生在供位附近，过年时在供位内部进行祭祀活动，平时的一些祭祀活动发生在祭祀门口的位置。祭祀区域包括供位以及门口的部分区域。

9）火塘区域

通过对翁丁村中99 户住居祭祀位置的列表整理，发现翁丁村中大部分住居的火塘分布在住居平面的中心一侧。

使用计算空间构成要素重心点的相同规则，对全部住居各功能区域的重心进行计算后发现，储藏区域、卧室区域的重心点在坐标系中的分布呈现围绕坐标中心分布的状态。会客区域、主人区域、火塘区域、祭祀区域、生水区域集中分布在中心点的一侧（图2-64）。

通过对所有住居中功能区域重心点的汇总，计算出所有功能区域的普遍分布中心点，得出祭祀区域的普遍分布重心坐标为（−4014，2044），主人区域的普遍分布重心坐标为（−2840,27），火塘的普遍分布重心坐标为（−931，673），餐厨区域的普遍分布重心坐标为（−777，−1934），储藏区域的普遍分布重心坐标为（355，−170），生水区域的普遍分布重心坐标为（1909，277）（图2-65）。

通过对住居内各功能区域的普遍分布重心点位置的计算，发现住居内功能区域的普

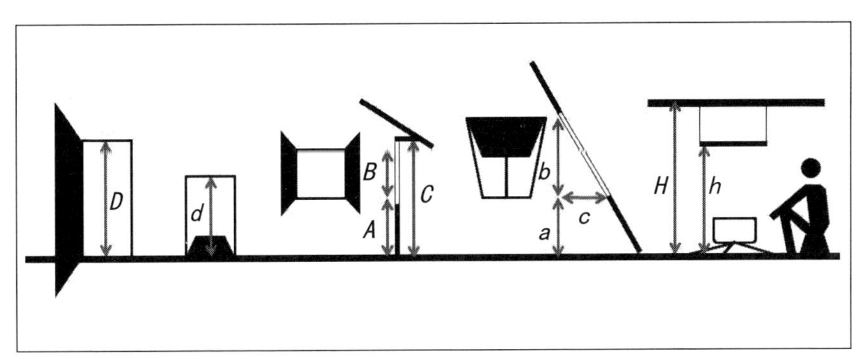

图2-66 剖面尺寸位置图

遍分布重心点在坐标中的位置，体现的是居民在使用住居时，对于住居内部功能划分的考虑，从分布图中可以看到，居民在布置住居内部空间的功能分区时，是按照以住居中心为原点的坐标轴来进行安排的，对于相对集中的功能区域，居民将各个区域直接放置在坐标轴上，其中火塘最接近住居的平面中心，而对于较为分散的功能区域，居民将各个区域围绕住居的中心进行安排。在这种住居模式中，祭祀区域被单独放置在远离坐标轴和坐标原点的位置。将祭祀的场所远离生活中较为常用的功能区域安排。

2.3.5 住居内部细部剖面尺寸的分析

对住居内部中的细部尺寸进行分析，包括住居内部门、窗、梁高度，以及火塘的高度尺寸的分析（图2–66）。

对于住居内部门尺寸的高度分析包括住居入口门的高度（*D*）以及住居通往晒台的门的高度（*d*）。窗分为在墙上开的窗和在屋顶上开的窗两种：开在住居墙上的窗主要分析各窗的窗台距地面的高度（*A*）、窗洞的高度（*B*），窗上平台的高度（*C*）；开在屋顶上的窗分析的是窗台距离地面的高度（*a*）、窗的净高（*b*）以及窗底部到顶部的进深长度（*c*）。对于梁高的分析是针对屋内次梁高度（*H*）的分析。对火塘高度的分析是针对火塘上方存放物品的架子到地面的高度（*h*）的分析。

对翁丁村101户住居内部细部尺寸进行测量和记录，在Excel中对各细部的尺寸进行列表整理后，通过数据分析软件SPSS对各要素和区域的面积进行最大值、最小值、平均值、分布区间的统计，得出各细部的尺寸特点。

1）入口门

入口门是居民进出住居的主要通道。在住居门高的统计中，入口门最高的是B03住居，入口门高度为2040mm，入口门高度最低的是A08住居，入口门高度为1400mm。全部住居的门高平均值为1723.62mm（图2–67）。对住居入口门高度的统计分析表明，住居入口门的高度总体呈现正态分布特点，入口门高度在1700~1750mm范围内分布最多，大部分住居的入口门高度在1600~1850mm范围内，少量住居的入口门小于1600mm或大于1800mm（图2–68）。

2）晒台门

在101 户住居中，共有65 户住居设有晒台门，晒台门最高的是C26 住居，晒台门高度为1880mm，晒台门高度最低的是C24 住居，晒台门高度为785mm。65 户住居的晒台门的平均高度值为1186.61mm（图2–69）。对住居晒台门高度的统计分析表明，住居晒台门的高度总体呈现正态分布特点，晒台门高度在1100~1200mm 范围内分布最多，大部分住居的晒台门高度在1000~1350mm 范围内，少量住居的晒台门小于1000mm 或大于1400mm（图2–70）。

3）墙上窗

针对开在住居墙上的窗，主要分析窗台的高度、窗洞的高度以及窗上的平台的高度。在101 户住居中，窗开在住居墙上的共有61 户。在墙上窗台高的统计中，墙上窗台最高的是C38 和C21 住居，墙上窗台高度为1300mm，墙上窗台高度最低的是A27 住居，墙上窗台高度为450mm。61 户住居的墙上窗台高度平均值为822mm（图2–71）。对住居墙上窗台高度的统计分析表明，住居墙上窗台的高度总体呈现正态分布特点，墙上窗台高度在700~800mm 范围内分布最多，大部分住居的墙上窗台高度在600~1000mm 范围内，少量住居的墙上窗台高度小于600mm 或大于1000mm（图2–72）。

4）墙上窗洞

在住居墙上窗洞高度的统计中，墙上窗洞最高的是A27 住居，墙上窗洞高度为1230mm，墙上窗洞高度最低的是C20 住居，墙上窗洞高度为300mm。全部住居的墙上窗洞高度平均值为565.27mm（图2–73）。对住居墙上窗洞高度的统计分析表明，住居墙上窗洞的高度总体不呈现正态分布特点，墙上窗洞高度在400~500mm 范围内分布最多，大部分住居的墙上窗洞高度在350~600mm 范围内，少量住居的墙上窗洞高度小于350mm 或大于600mm（图2–74）。

5）墙上窗上平台

在住居墙上窗上平台的统计中，墙上窗上平台最高的是C26 住居，墙上窗上平台高度为1950mm，墙上窗上平台高度最低的是B23 住居，墙上窗上平台高度为1170mm。全

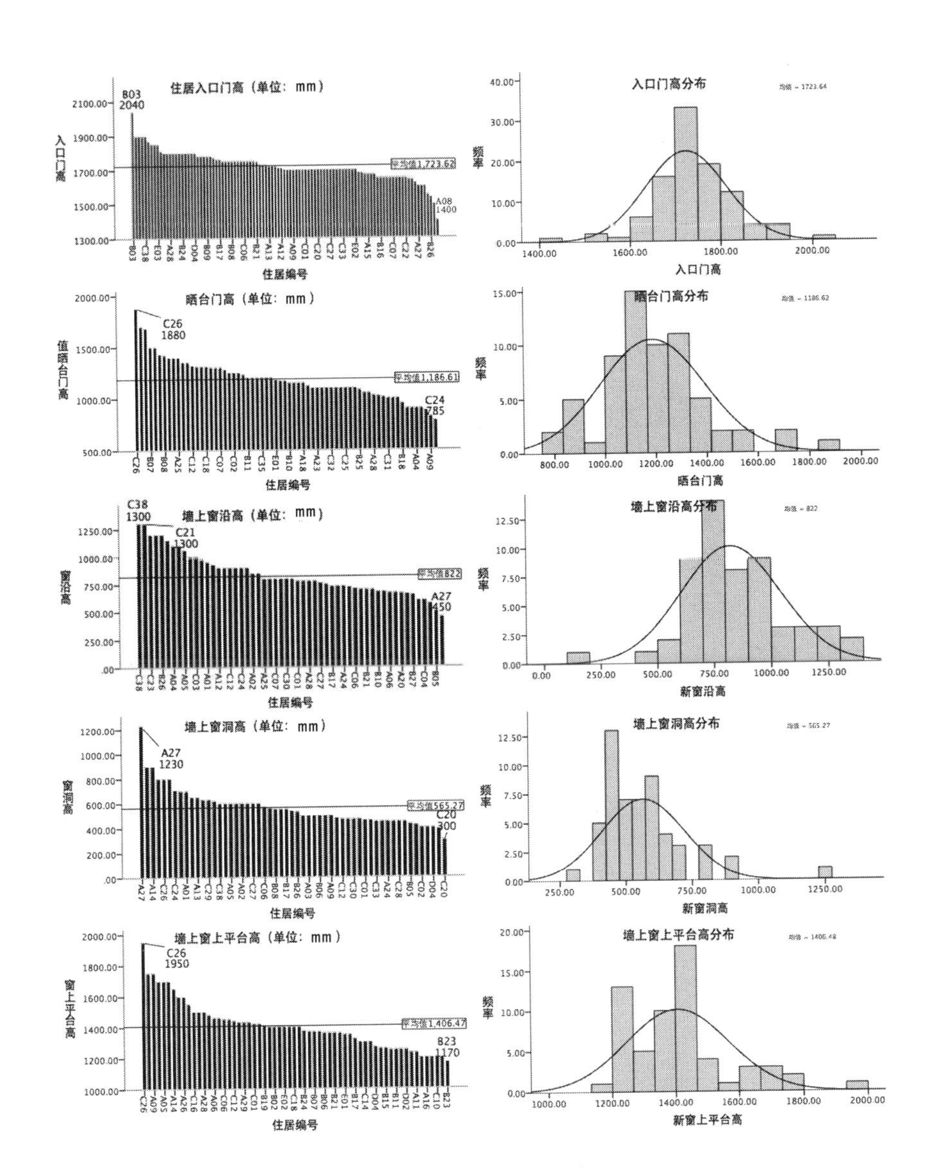

2-67	2-68
2-69	2-70
2-71	2-72
2-73	2-74
2-75	2-76

图2-67 入口门高统计

图2-68 入口门高分布情况

图2-69 晒台门高统计

图2-70 晒台门高分布情况

图2-71 墙上窗台高统计

图2-72 墙上窗台高分布情况

图2-73 墙上窗洞高统计

图2-74 墙上窗洞高分布情况

图2-75 墙上窗平台高统计

图2-76 墙上窗平台高分布情况

部住居的墙上窗上平台高度平均值为1406.47mm（图2-75）。对住居墙上窗上平台高度的统计分析表明，住居墙上窗上平台的高度总体呈现正态分布特点，墙上窗上平台高度在1330~1400mm 范围内分布最多，大部分住居的墙上窗上平台高度在1200~1450mm 范围内，少量住居的墙上窗上平台小于1200mm 或大于1450mm（图2-76）。

6）顶上窗

针对开在住居屋顶上的窗，主要分析窗台的高度、窗洞的垂直净高以及窗上顶与窗下沿的进深长度。在101 户住居中，窗开在住居屋顶上的共有14 户。在住居顶上窗台高度的统计中，顶上窗台最高的是A08 住居，顶上窗台高度为1500mm，顶上窗台高度最低的是C34 住居，顶上窗台高度为790mm。全部住居的顶上窗台高度平均值为1027.5mm（图2-77）。对住居顶上窗台高度的统计分析表明，住居顶上窗台的高度总体未呈现正态分布特点，顶上窗台高度在800~1000mm 范围内分布最多，大部分住居的顶上窗台高度在800~1200mm 范围内，少量住居的顶上窗台高度分布在600~800mm 和1200~1600mm 两个区间内（图2-78）。

7）顶上窗洞

在住居顶上窗洞的统计中，顶上窗洞最高的是B01 住居，顶上窗洞高度为1400mm，顶上窗洞高度最低的是A17 住居，顶上窗洞高度为300mm。全部住居的顶上窗洞高度平均值为1031.42mm（图2-79）。对住居顶上窗洞高度的统计分析表明，住居顶上窗洞的高度总体不呈现正态分布特点，顶上窗洞高度在1000~1200mm 范围内分布最多，大部分住居的顶上窗洞高度在800~1400mm 范围内，少量住居的顶上窗洞小于800mm（图2-80）。

8）顶上窗进深

在住居顶上窗进深的统计中，顶上窗进深最长的是C05 住居，顶上窗进深长度为1800mm，顶上窗进深长度最低的是A17 住居，顶上窗进深长度为500mm。全部住居的顶上窗进深长度平均值为1007.14mm（图2-81）。对住居顶上窗进深长度的统计分析表明，住居顶上窗进深的长度总体呈现正态分布特点，顶上窗进深长度在800~1200mm

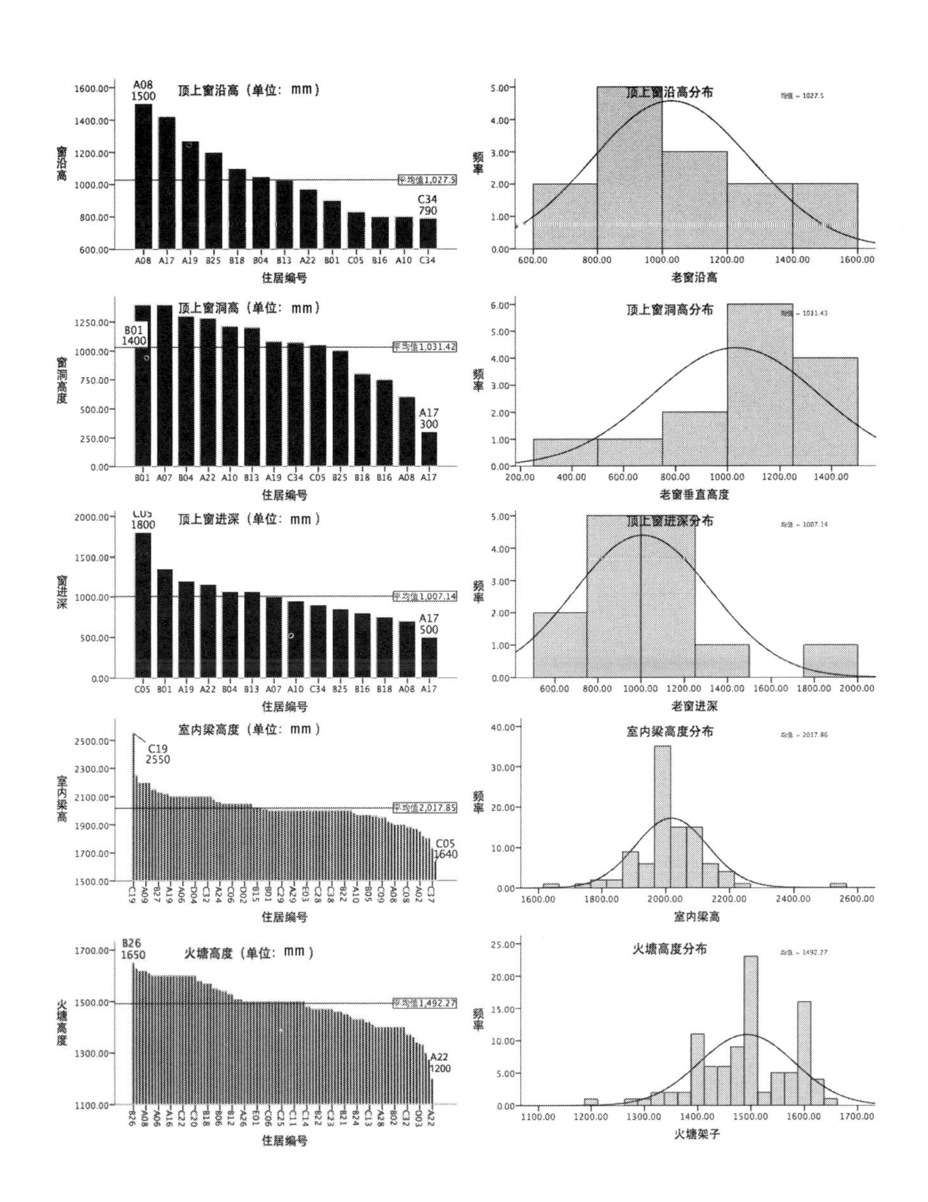

2-77	2-78
2-79	2-80
2-81	2-82
2-83	2-84
2-85	2-86

图2-77 顶上窗台高统计

图2-78 顶上窗台高分布情况

图2-79 顶上窗洞高统计

图2-80 顶上窗洞高分布情况

图2-81 顶上窗进深统计

图2-82 顶上窗进深分布情况

图2-83 室内梁高统计

图2-84 室内梁高分布情况

图2-85 火塘高统计

图2-86 火塘高分布情况

范围内分布最多，其余顶上窗进深分布在小于500~800mm和1200~2000mm范围内（图2−82）。

9）梁

在住居室内梁高的统计中，室内梁最高的是C19住居，室内梁高度为2550mm，室内梁高度最低的是C05住居，室内梁高度为1640mm。全部住居的室内梁高度平均值为2017.85mm（图2−83）。对住居室内梁高度的统计分析表明，住居室内梁的高度总体呈现正态分布特点，室内梁高度在1960~2010mm范围内分布最多，大部分住居的室内梁高度在1800~2200mm范围内，少量住居的室内梁高在1600~1960和2200~2600mm区间内（图2−84）。

10）火塘

在住居火塘高的统计中，火塘最高的是B26住居，火塘高度为1650mm，火塘高度最低的是A22住居，火塘高度为1200mm。全部住居的火塘高平均值为1492.27mm（图2−85）。对住居火塘高度的统计分析表明，住居火塘的高度总体未呈现正态分布特点，火塘高度在1500mm左右的最多，在1600mm和1400mm两个高度的也占有较大部分，住居火塘高度分布在1400~1600mm范围内，少量住居的火塘高度在1200~1400mm和1600~1700mm两个区间内（图2−86）。

住居内部细部剖面尺寸之间关系性的分析如下：

对翁丁村101户住居中98户住居的细部尺寸进行测量和记录，在Excel中对各细部的尺寸进行列表整理。

观察散点图，发现具有线性相关的要素，然后使用回归模型对两个要素之间的关系进行拟合，确定两个要素的关系性和影响程度。

在住居内各细部尺寸间的散点图中，发现室内梁高与住居入口门高；墙上窗上平台高与晒台门、墙上窗洞、墙上窗台的散点图中，数据点的分布呈现出一定的线性规律。分别对各组数据进行回归拟合，分析两组数据之间的相关性。

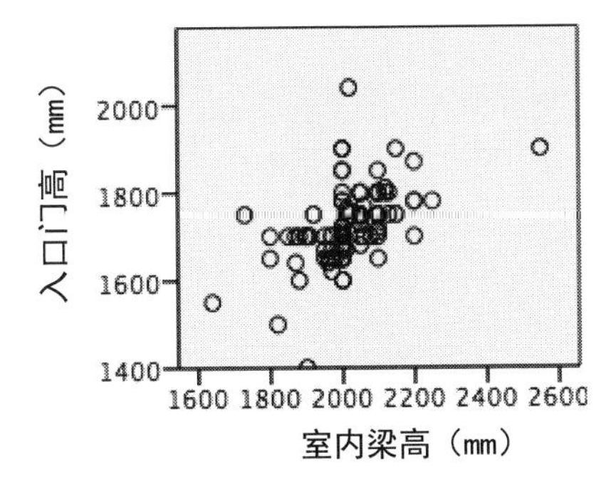

图2-87 室内梁高与入口门高的关系比较

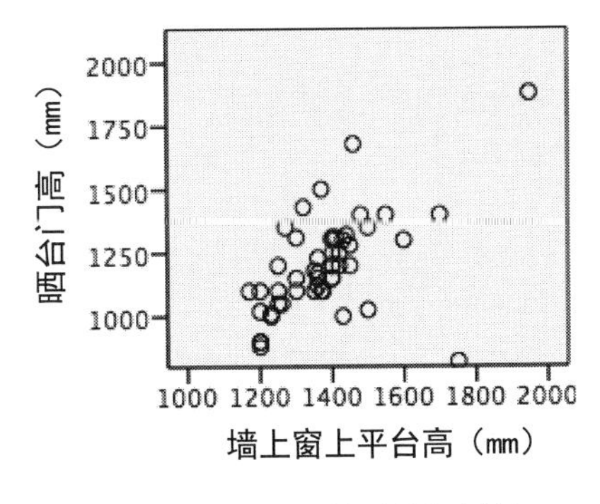

图2-88 墙上窗平台高与晒台门高的关系比较

1）室内梁高度与入口门高度

将入口门高度作为因变量（y），室内梁高度作为自变量（x），对两组数据进行线性回归拟合。

得到的回归方程为：$y=0.4x+918.391$。F检验中，F值为36.106，显著性（*Sig.*）为0.000，T检验中，显著性（*Sig.*）为0.000，模型的拟合度（R^2）为0.273（图2-87）。

回归结果显示回归系数（B）为0.4，即当室内梁高度扩大1m时，住居的入口门高度的增长量为0.4m；在F检验和T检验中，显示回归具有显著性，说明回归模型效果明显；在模型拟合度中显示模型拟合度低，说明回归模型对实际情况的解释度低。

回归分析表明，室内梁高度对住居的入口门高度具有较低程度的影响，但影响效果并不明显，说明住居的入口门高在受到室内梁高的影响时，同时还受到其他一些因素的影响。

对回归$P-P$图观察发现，在翁丁村中住居的入口门高度随室内梁高度变化，数据分布的波动性较强，在室内梁高较低的住居中，住居入口门的高度高于预期值，在室内梁高较高的住居中，住居的入口门高度低于预期值。住居入口门的高度总体上向一个中间值靠近。可以看出，入口和室内梁的高度总体上有一定的相关性，但基本是保持在一个固定的区间内。

2）墙上窗上平台高度与晒台门高度

将晒台门高度作为因变量（y），墙上窗上平台高度作为自变量（x），对两组数据进行线性回归拟合。

得到的回归方程为：$y=0.715x+211.171$。F检验中，F值为20.321，显著性（*Sig.*）为0.000，T检验中，显著性（*Sig.*）为0.000，模型的拟合度（R^2）为0.283（图2-88）。

回归结果显示回归系数（B）为0.715，即当墙上窗上平台高度扩大1m时，住居的晒台门高度的增长量为0.715m；在F检验和T检验中，显示回归具有显著性，说明回归模型效果明显；在模型拟合度中显示模型拟合度低，说明回归模型对实际情况的解释度低。

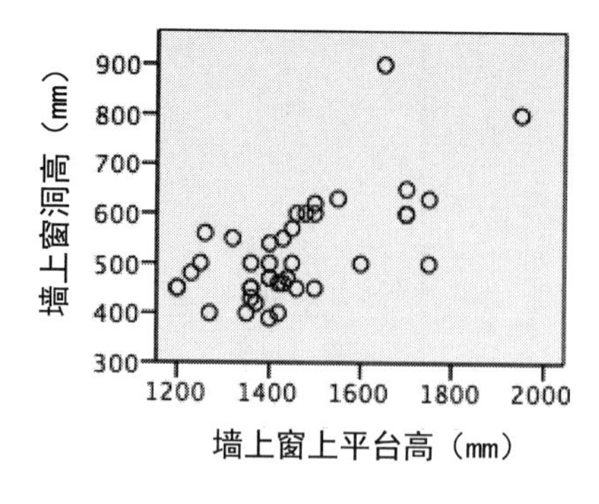

图2-89 墙上窗平台高与墙上窗窗洞高的关系比较

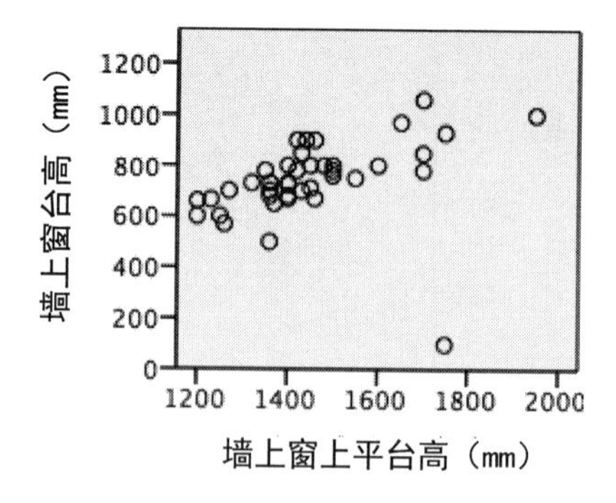

图2-90 墙上窗平台高与墙上窗台高的关系比较

回归分析表明，墙上窗上平台高度对住居的晒台门高度具有较高程度的影响，但影响效果并不明显，说明住居的晒台门高度在受到室内梁高的影响时，同时还受到其他一些因素的影响。

对回归*P-P*图观察发现，翁丁村中住居的晒台门高度随墙上窗上平台高度变化，数据分布的波动性较强，在墙上窗上平台高度较低的住居中，住居晒台门的高度高于预期值，在墙上窗上平台高度较高的住居中，住居晒台门高度低于预期值。住居晒台门的总体上向一个中间值靠近。

3）墙上窗上平台高度与墙上窗洞高度

将墙上窗洞高度作为因变量（y），墙上窗上平台高度作为自变量（x），对两组数据进行线性回归拟合。

得到的回归方程为：$y=0.424x-92.32$。F检验中，F值为29.195，显著性（*Sig.*）为0.000，T检验中，显著性（*Sig.*）为0.000，模型的拟合度（R^2）为0.434（图2-89）。

回归结果显示回归系数（B）为0.424，即当墙上窗上平台高度扩大1m时，住居的墙上窗洞的增长量为0.424m；在F检验和T检验中，显示回归具有显著性，说明回归模型效果明显；在模型拟合度中显示模型拟合度中等偏低，说明回归模型对实际情况具有一定程度的解释度。

回归分析表明，墙上窗上平台高度对住居的墙上窗洞高度具有中等偏低程度的影响，影响效果较不明显，说明住居的墙上窗上平台高度是墙上窗洞高度的主要影响因素之一，同时其他一些因素也共同影响墙上窗洞的高度。

对回归*P-P*图观察发现，在翁丁村中住居的墙上窗洞高度在随墙上窗上平台高度变化时，数据分布的波动性较强，部分数据点距离预期值较远。

4）墙上窗上平台高度与墙上窗台高度

将墙上窗台高度作为因变量（y），墙上窗上平台高度作为自变量（x），对两组数据进行线性回归拟合。

得到的回归方程为：$y=0.327x+267.8.7$。F检验中，F值为5.087，显著性（*Sig.*）为

0.000，T 检验中，显著性（*Sig.*）为0.000，模型的拟合度（R^2）为0.118（图2-90）。

回归结果显示回归系数（B）为0.327，即当墙上窗上平台高度扩大1m时，住居的墙上窗台高度的增长量为0.327m；在F 检验和T 检验中，显示回归具有显著性，说明回归模型效果明显；在模型拟合度中显示模型拟合度很低，说明回归模型对实际情况的解释度不好。

回归分析表明，墙上窗上平台高度对住居的墙上窗台高度具有较低程度的影响，影响效果并不明显，说明住居的墙上窗台高受到墙上窗上平台高很小的影响，墙上窗台高主要受到其他一些因素的影响。

对回归P-P 图观察发现，实际值与回归预期值差距很大。

对可能具有相关性的要素进行回归分析，住居室内的梁高对住居的入口门高具有一定的影响；住居墙上窗上平台的高度对住居墙上窗洞的高度有一定的影响，对晒台门和墙上窗台高度具有很小的影响。

本节是对翁丁村微观空间的分析，分析了住居的结构网络尺寸规律，住居的空间布局规律，住居内部构成要素、功能空间的面积规律，以及住居内部细部的剖面尺寸的规律。在对住居结构网络尺寸规律的分析中，对住居结构的样式种类、各种类结构网络的尺寸进行了总结，并通过不同的尺寸规律将翁丁村中住居的结构网络总结为6 开间、5 开间、4 开间三种。在对住居空间布局规律的分析中，在住居平面中设定了坐标轴体系，对住居内部构成要素和功能区域的平面重心在平面中的位置进行定位并对重心的位置进行统计，计算出各要素和区域的重心，通过重心的定位对住居内部的布局规律进行分析。在对住居构成要素和功能区域的面积分析中，分析了各要素和区域的面积特点，并通过散点图和回归分析对有相关性的要素进行了分析，发现了有影响要素之间影响关系的大小。在对住居内部剖面尺寸的分析中，分析了住居内部门、窗梁和火塘中细部的剖面尺寸规律和特点。并通过散点图和回归分析对有相关性的要素进行了分析，发现了影响要素之间的影响关系的大小。

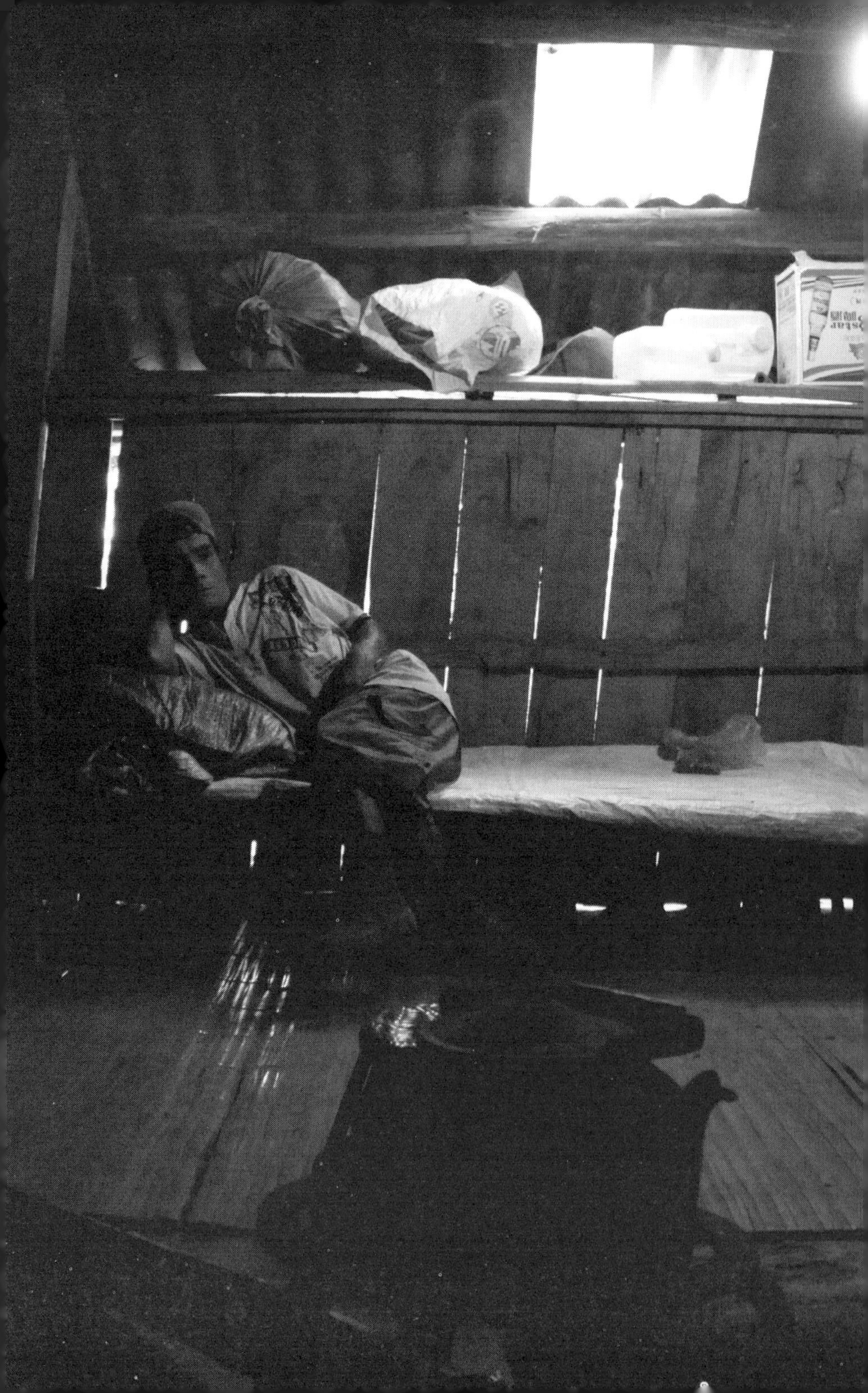

第 3 章　翁丁村居民居住行为分析

在住居中休息的居民

3.1　居民居住行为的分类

根据住居学对人类行为的分类并结合到不同层次的聚落空间当中，将翁丁村居民的居住行为分为宏观、中观、微观居住行为。

其中宏观居民居住行为有民族节日、婚礼、葬礼、盖新房。其中民族节日包括春节、贡象节、护寨节、把牙节、新米节、撒谷节、新火节、新水节、拉木鼓。中观居民居住行为有打扫、整理、烧火、洗涤、炊事、育儿、耕种、砍柴、种植、饲养、织布、手工、物品买卖、搬运储藏、看电视、聊天、妊娠、分娩、叫魂。微观居民居住行为有睡觉、小憩、进食、喝茶、抽烟、如厕、洗脸、沐浴、书写。

3.2　居民居住行为的量化评价

为了更好地将行为与空间进行对应的比较，在调查完行为的内容和相关情况后，希望用量化评价的方式，对居民的居住行为进行评定，然后将这些评定的结果带入到对应的空间当中进行比较。而行为本身是人的活动，是只可进行描述，但无法进行比较的，而在这里希望比较的是人在行为当中的心理权重值。在库尔特・勒温的心理学理论中，每一个心理事件的行为公式为$B=f(S)$或$B=f(P,E)$，其中B为Behavior的缩写，指人的行为，S为Situation的缩写，指整个行为的情境或情况。他将人的行为定义成了一个变量为情境的函数。而情境又拆解为P和E。P为Person的缩写，指人，E是Environment的缩写，指环境，所以人的行为可解释为人与环境两个因素相互综合后，在某种特定的因素引导下产生的结果。

在调查中，我们所观察和记录下的居民的居住行为是可以利用库尔特・勒温对于行为的定义进行拆解的，从人（P）和环境（E）两个方面对翁丁村中的居民的居住行为进行理解，就有了对居民行为量化的可能。

在人与环境两个方面，我们针对行为的表现从两个方面中提取出可以进行量化的因素。在人（P）的方面通过在行为时人一些基本属性以及行为时人的肢体动作、发出的声音等方面对公式中的人这个要素进行分析。在环境（E）方面，将环境拆解为时间和空间两个方面。在时间属性中，从行为时持续的时间长度、两次相同行为间的间隔以及行为发生的行为特定性三个方向进行分析；在空间属性中，从行为发生的地点、场所两个方向进行分析。虽然这些不可能涵盖居住行为的全部内容和特点，也无法完全准确地表达一个居住行为所表达的全部属性，但希望通过对各居住行为的一个具体的量化评价，尽可能地表现出翁丁村居民在日常生活中不同居住行为在居民的心理权重。

将居住行为内容进行拆解，针对翁丁村居民的居住行为建立量化评价体系。评价包括3个评价因子，10个评价要素。评价因子分别是时间、人和空间。在时间因子中，包括单次时长、单次频率、频率稳定性三个要素；在人因子中，包括人数、性别、年龄、身体姿态、声音五个要素；在空间因子中，包括空间开敞度、空间光照度两个要素。

行为的量化评价根据各评价因子评价要素的多少对三个评价因子进行权重分配，其中时间因子权重值为0.3，人因子的权重值为0.5，空间因子的权重值为0.2。

时间因子中包含的评价要素有：行为的单次时长、行为的单次频率、行为时间的稳定性。通过这三方面的评价，对居民在居住行为中的时间情况进行评价。

单次时长是指一个行为从开始到结束所花费的时间。在评价中单次时长的分值分配为4分，分为4个等级：5~10分钟、10分钟到1小时、1~6小时、6小时以上。4个等级按照时间越长得分越高的规则，分别赋以1分、2分、3分、4分。

单次频率是指一个行为中两次相同行为之间间隔的时间长短。在评价中单次频率分为3个等级：行为间隔时间在一天内的、行为间隔为一天的、行为间隔大于一天的。3个等级按照间隔越短得分越高的规则，分别赋以3分、2分、1分。

行为时间的稳定性是指两次同样行为发生时间的偏差。在评价中行为时间稳定性分为3个等级：时间偏差小于2小时、时间偏差在2~24小时；时间偏差在1天以上。3个等级按照偏差越小得分越高的规则分别赋以3分、2分、1分。

人因子中包含的评价要素有：人数、性别、年龄、姿态、声音。通过这五方面的评价，对居民居住行为中人的状态进行评价。

人数是指一个行为中直接参与行为的人的数量。在评价中人数分为4个等级；1人、2~5人、5人到半数居民、全体聚落居民。4个等级按照人数越多得分越高的规则分别赋以0.5分、1分、1.5分、2分。

性别是指一个行为中直接参与行为的人的性别。在评价中性别分为3个等级：女性、全体、男性。根据调查中发现的翁丁村居民对于性别方面的习惯，对3个等级分别赋以1分、1.5分、2分。

年龄是指一个行为中直接参与行为的人的概念年龄段。在评价中年龄分为2个等级：全年龄段和老年年龄段。根据调查中发现的翁丁村对于年龄长幼的习惯，分别赋以1分和2分。

姿态是指一个行为中直接参与行为的人在行为时身体的姿势。在评价中姿态分为3个等级：直立、蹲坐、平卧。根据行为在不同姿态时，行为人心理的安全程度，对3个等级分别赋以1分、1.5分、2分。

在空间因子中包含的评价要素有：开敞度和光照度。从这两方面评价居民居住行为对物理空间环境的要求程度。

开敞度是指行为发生地点空间的开敞度，开敞度的大小取决于行为发生地点周围是否存在遮挡物、围合物等情况。在评价中开敞度分为3个等级：封闭、半开敞、全开敞。其中，封闭状态是指行为地点四周都有遮挡物或围合物，且距离行为人很近；半开敞是指行为地点一边或几边有遮挡物或围合物，但行为人周边总有一个方向或几个方向无遮挡物或围合物；全开敞是指行为地点四周没有遮挡物或围合物。根据越封闭分值越高的规则分别对3个等级赋以5分、3分、2分。

光照度是指行为发生地点空间范围内光照的强烈程度。在评价中光照度分为3个等级：无光、半光和全光。无光是指在行为时行为的范围内无光照，半光是指在行为的范围内有部分直接光照或有间接光照，全光是指在行为范围全部都有直接的光照。根据光照越强分值越高的规则对3个等级分别赋以2分、3分、5分。

3.3 居民居住行为的分析

通过对翁丁村居民居住行为的量化评价统计，居住行为综合平均分为6.10分，时间因子的平均分为1.9分，人因子的平均分为2.867分，空间因子的平均分为1.3分。

在综合得分中，得分最高的居住行为是叫魂，得分为7.4分，说明翁丁村居民的生活中，叫魂是心理等级最重要的居住行为；量化评价中，综合得分最低的是书写，得分为4.6分，说明在居民的生活中，书写是心理等级最低的居住行为（表3-1）。

在时间因子的统计中，得分最高的是睡觉、耕种和砍柴，都是2.7分，与居民居住行为的时间性调查的对比可以发现，这三项居住行为占去了居民一天中的大部分时间。得分最低的是书写和分娩，说明这两个行为在居民生活中所占的时间比重最少。

在人的因子的统计中，得分最高的是叫魂，得分是4分，说明叫魂对居民个人身体和心理要求最多；得分最低的是整理，得分为2.25，说明整理是居民生活中最为随意的活动。

在空间因子的统计中，得分最高的是叫魂和沐浴，得分都是1.6分，说明翁丁村居民在叫魂和沐浴的时候，对客观物理环境的要求最为苛刻；得分最低的是搬运储藏，得分都是1分，说明搬运储藏行为在居民的日常生活中对客观物理环境的要求最少。

根据统计，在所有调查的居住行为当中，第三生活行为的总平均分为6.50，在三类生活行为中得分最高，也就意味着第三生活行为的内容普遍在翁丁村居民日常生活中心理等级较高，重要性较强；第一生活行为的总平均分为6.08，第二生活行为的总平均分为5.95，第二生活行为的总平均得分略低于第一生活行为，也就是说第一生活行为与第二生活行为在翁丁村居民日常生活中心理等级相近，第一生活行为的内容重要性和心理等级略强于第二生活行为。

3.3.1 居民宏观居住行为的分析

在翁丁村居民宏观居住行为的量化评价中，宏观居住行为平均分为6.675，其中时

居民居住行为量化得分表 表3-1

行为名称	时间因子得分	人因子得分	空间因子得分	总得分
叫魂	1.8	4	1.6	7.4
睡觉	2.7	3.25	1.4	7.35
民族节日	2.1	3.75	1.4	7.25
聊天	2.4	3.25	1.2	6.85
进食	2.4	3.25	1.2	6.85
耕种	2.7	2.75	1.4	6.85
砍柴	2.7	2.75	1.4	6.85
盖新房	1.8	3.5	1.4	6.7
看电视	2.1	3.375	1.2	6.675
婚礼	1.8	3.5	1.2	6.5
烧火	2.4	2.75	1.2	6.35
物品买卖	2.1	3	1.2	6.3
葬礼	1.8	3.25	1.2	6.25
如厕	2.25	2.75	1.2	6.2
炊事	2.4	2.5	1.2	6.1
饲养	2.4	2.25	1.4	6.05
妊娠	2.1	2.75	1.2	6.05
小憩	1.8	3	1.2	6
育儿	2.1	2.625	1.2	5.925
手工	1.5	3	1.4	5.9
沐浴	1.8	2.5	1.6	5.9
织布	1.8	2.5	1.4	5.7
打扫	2.1	2.25	1.2	5.55
搬运储藏	1.8	2.75	1	5.55
喝茶	1.2	3.125	1.2	5.525
种植	1.5	2	2	5.5
洗脸	1.8	2.5	1.2	5.5
抽烟	1.5	2.75	1.2	5.45
分娩	1.2	3	1.2	5.4
洗涤	1.5	2.375	1.4	5.275
整理	1.8	2.25	1.2	5.25
书写	0.9	2.5	1.2	4.6

间因子的平均分为1.88，人因子的平均分为3.5，环境因子的平均分为1.3。翁丁村的宏观居住行为总得分的平均分大于全部居住行为总得分的平均分。说明宏观居住行为在翁丁村居民的心理中较为重要。在宏观居民行为的得分中，时间因子的平均分小于所有居住行为的时间因子平均分，人因子的平均分大于所有居住行为的人因子平均分，环境因子的平均分与所有居住行为的环境因子平均分持平。宏观居住行为的特点是普遍参与人数多、性别较为普遍、年龄较年长、身体姿态多样、行为时发出的声音较大。

3.3.2 居民中观居住行为的分析

中观居住行为总得分的平均分为6.16，其中时间因子的平均分为2.07，人因子的平均分为2.81，环境因子的平均分为1.28。中观居住行为总得分的平均分小于全部居住行为总得分的平均分。说明中观居住行为在翁丁村居民的心理是较为普遍和平常的活动。在中观居民行为的得分中，时间因子的平均分大于所有居住行为的时间因子平均分，人因子的平均分小于所有居住行为的人因子平均分，环境因子的平局分小于所有居住行为的环境因子平均分。中观居住行为的特点是时间的长度普遍较长、频率较高、频率较为固定，在时间性的表现比其他居住行为更明显。

3.3.3 居民微观居住行为的分析

微观居住行为总得分的平均分为5.93，其中时间因子的平均分为1.82，人因子的平均分为2.84，环境因子的平均分为1.27。微观居住行为总得分的平均分小于全部居住行为总得分的平均分。微观居住行为多为一些较为私密和私人的活动行为，在微观居民行为的得分中，三个因子的平均得分都比所有居住行为的平均得分要低，由此可以得出，在翁丁村居民的心理重要地位在所有的居住行为中重要等级处于一个相对较低的位置。

第 4 章　聚落空间与居民居住行为关系的分析

在寨口聚集的居民

为了建立空间与行为之间的关系，我们对翁丁村中的聚落空间从宏观、中观和微观三个层面，对其各自的位置、大小、规律进行了逐一的调查；对居民的居住行为通过调查后获得的信息，进行了量化的评价。对这些分析产生的量化结果，可以进行进一步比较。关系的分析是将翁丁村居民居住行为的量化分值赋予到对应的空间坐标当中，通过行为的重要性与其所处空间的位置来观察空间是否也存在不同的重要性关系，这种重要性是如何表现的以及行为与空间的关系。

4.1 宏观层面聚落空间与居民居住行为的关系

4.1.1 宏观聚落空间构成要素位置与居住行为的关系

在翁丁村中，宏观聚落空间的构成要素与居民的生活有直接关联的是传统聚落空间构成要素，包括寨门、寨心、撒拉房、居民住居、人头桩、神林、墓地、谷仓、道路、排水沟、水池。通过对聚落空间的调查，总结出以下内容（表4-1）：

寨门、道路、排水沟是翁丁村中主要的交通功能空间要素，在该空间要素中并不发生特定的居住行为；

寨心中对应的居住行为是民族节日、聊天、小憩；

居民住居包含了除砍柴外所有的居住行为；

人头桩对应的居住行为是民族节日；

神林对应的居住行为是民族节日；

墓地对应的居住行为是葬礼；

谷仓对应的居住行为是搬运储藏；

水池对应的居住行为是民族节日和搬运储藏。

通过对宏观聚落空间以及居民居住行为的分类，在宏观聚落空间中主要进行的是宏观居住行为，中观居住行为和微观居住行为集中在居民住居当中，在宏观的聚落空间中

翁丁村宏观聚落空间要素和居住行为对照　表4-1

宏观空间要素	发生的居住行为
寨门、道路、排水沟	无
寨心	民族节日、聊天、小憩
居民住居	民族节日、婚礼、葬礼、盖新房、打扫、整理、烧火、洗涤、炊事、育儿、种植、饲养、织布、手工、物品买卖、搬运储藏、看电视、聊天、妊娠、分娩、叫魂、睡觉、小憩、进食、喝茶、抽烟、如厕、洗脸、沐浴、书写
人头桩	民族节日
神林	民族节日
墓地	葬礼
谷仓	搬运储藏
水池	民族节日、搬运储藏

只有搬运储藏一项中观居住行为。

在将各宏观聚落空间要素中的居住行为进行确定后，对各宏观聚落空间要素的空间行为得分进行计算。通过计算得到

寨心的空间行为得分为6.7；

居民住居的空间行为得分为6.14；

人头桩的空间行为得分为7.25；

神林的空间行为得分为7.25；

墓地的空间行为得分为6.25；

谷仓的空间行为得分为5.55；

水池的空间行为得分为6.4。

根据之前对聚落空间的分析，可以各构成要素的得分划分为聚落中心区域、主要区域和外围区域。中心区域是寨心附近区域，主要区域是居民住居区域，外围区域是神林、水池、谷仓、人头桩、墓地组成的聚落外围区域。通过对各区域内空间行为得分的平均值计算得出三个区域中，中心区域的区域得分最高，为6.7；主要区域的得分为6.14分；外围区域的得分为6.54 分。可以看出翁丁村居民在建造聚落时对于不同的空间和行为的综合考虑与安排。居民建造聚落时，在聚落空间的中心位置建造了具有最重要心理等级的行为空间。这个区域是聚落以及居民心理的中心，具有较高的心理权重。翁丁村居民在建造自己的住居时，围绕这个中心选择自己建造住居的位置。同时，在自己住居区域的外部，居民用不同功能和心理等级的空间将自己主要生活的场所进行包围。

4.1.2　宏观聚落空间面积与居住行为的关系

对比宏观聚落空间构成要素面积和行为的得分后，发现在宏观层面这二者其实并不存在直接的相关关系。

不过通过对个要素面积的观察仍然可以发现，聚落中心的寨心、聚落东侧的神林以及聚落西侧的墓地在聚落中面积最大，这三个区域中发生的居住行为都属于权重较高的

行为范畴。南侧的人头桩区域由于其特殊的历史原因，已经并没有了原先的实际作用和象征意义，只是作为翁丁村居民曾经的风俗和文化的展示，而原来人头桩区域的面积与它的实际作用以及象征意义是否如神林、墓地、寨心一样具有相关性现在也无法从现状中发现。

4.2 中观层面聚落空间与居民居住行为的关系

4.2.1 住居院落中构成要素面积与居民家庭人口的关系

在中观层面的聚落空间和行为中，我们对所有的要素进行了交叉比较，从中发现人数与住居的面积有着较为明显的关联性。在住居院落中各要素与居民在册人数、常住人数的散点图中，住居面积与常住人数和在册人数呈现一定的相关性，其他要素的散点图与住居的人口数据之间在散点图中并无直接的关系性。

1）住居面积与住居院落面积和居民在册人数的关系

将住居面积作为因变量因变量（y），住居院落面积（x_1）和居民的在册人数（x_2）作为自变量，对三组数据进行线性回归拟合。

得到的回归方程为$y=0.055x_1+2.964x_2+32.643$，$F$检验中，$F$值为20.950，显著性（*Sig.*）为0.000，T检验中，显著性（*Sig.*）为0.000，模型的拟合度（R^2）为0.302（图4-1）。

回归结果显示，住居院落面积回归系数为0.055，即当住居院落面积扩大1m^{2}且居民在册人数不变的情况下，住居面积的增长量为0.055m^2；居民在册人数的回归系数为2.964，既当居民在册人数增加1人且住居院落面积不变时，住居的面积增加2.964m^2。在F检验和T检验中，显示回归具有显著性，说明回归模型效果明显；在模型拟合度中显示模型拟合度较低，说明回归模型对实际情况的解释度较低。

通过回归分析发现，在册人数增加后，住居院落面积对住居面积的影响变小，在册

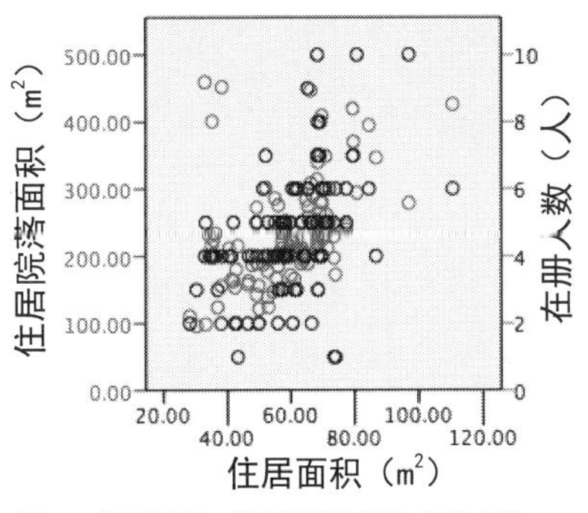

图4-1 住居面积、住居院落面积与在册人数的关系比较

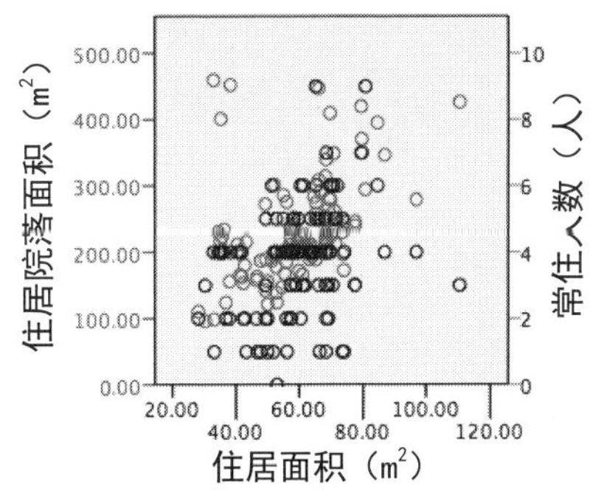

图4-2 住居面积、住居院落面积与常住人数的关系比较

人数对住居面积的影响远远大于住居院落对住居的影响。

观察回归*P*–*P*图发现，在翁丁村中拥有中等院落面积和在册人口数的住居面积比预期值大，住居院落面积较大和在册人口数较多的住居面积比比预期值略小。说明翁丁村中住居的面积在随院落面积增大的过程中，总体向一个中间值靠近。

2）住居面积与住居院落面积和常住人数的关系

将住居面积作为因变量因变量（y），住居院落面积（x_1）和住居的常住人数（x_2）作为自变量，对三组数据进行线性回归拟合。

得到的回归方程为y=0.066x_1+1.479x_2+38.226，*F*检验中，*F*值为12.550，显著性（*Sig.*）为0.000，*T*检验中，显著性（*Sig.*）为0.000，模型的拟合度（R^2）为0.206（图4–2）。

回归结果显示，住居院落面积回归系数为0.066，即当住居院落面积扩大1m² 且常住人数不变的情况下，住居面积的增长量为0.066m²；常住人数的回归系数为1.479，即当常住人数增加1 人且住居院落面积不变时，住居的面积增加1.479m²。在*F*检验和*T*检验中，显示回归具有显著性，说明回归模型效果明显；在模型拟合度中显示模型拟合度较低，说明回归模型对实际情况的解释度较低。

通过回归分析发现，常住人数增加后，住居院落面积对住居面积的影响变小，常住人数对住居面积的影响远远大于住居院落对住居的影响。

观察回归*P*–*P*图发现，在翁丁村中拥有中等院落面积和常住人口数的住居面积比预期值大，住居院落面积较大和常住人口数较多的住居面积比比预期值略小。说明翁丁村中住居的面积在随院落面积增大的过程中，总体向一个中间值靠近。

通过比较住居院落面积与住居面积，住居院落面积、在册人数与住居面积，住居院落面积、常住人数与住居面积三个回归方程中各因变量的回归系数（*B*）和回归拟合度（R^2）发现：

在住居院落面积、与住居面积的回归方程中，住居院落面积的回归系数（*B*）为0.077，回归方程的拟合度（R^2）为0.166。

在住居院落面积、在册人数与住居面积的回归方程中，住居院落面积的回归系数（B_1）为0.055，居民在册人数的回归系数（B_2）为2.964，回归方程的拟合度（R^2）为0.302。

住居院落面积、常住人数与住居面积的回归方程中，住居院落面积的回归系数（B_1）为0.066，常住人数的回归系数（B_2）为1.479，回归方程的拟合度（R^2）为0.206。

通过对回归方程中回归系数（B）的观察发现，在分析的要素中，对于住居面积大小具有最大影响的是住居的在册人数，也就是说翁丁村中的居民在建造住居时，在住居院落面积、家庭常住人数以及家庭在册人数三个因素中，家庭的在册人数是主要考虑的影响因素。

观察回归方程拟合度（R^2）发现，关于住居占地面积的回归方程中，在以住居院落为自变量的基础上加入人口因素的自变量后，回归方程的拟合度得到了提高，其中在加入在册人数为自变量后，回归方程的拟合度由住居院落面积为自变量时的0.166，增长到了0.302，拟合度提升了一倍。说明在加入在册人口因素后，回归对实际情况虽然仍然处于一个较低的水平，但解释度增长了一倍。

通过分析得出结论：在翁丁村居民建造住居时，家庭在册人数是决定住居面积的一个主要考虑因素，而住居院落面积为一个比较次要的考虑因素。

4.2.2 住居院落内空间布局与居住行为之间的关系

翁丁村中住居院落空间的构成要素包括院落入口、院落围墙、住居、晾晒空间、用水空间、储藏空间、饲养空间、种植空间、附属空间。住居内部的空间要素和功能区域包括：前室平台、起居室、供位、内室、晒台、主人区域、会客区域、餐厨区域、储藏区域、生水区域、就寝区域、祭祀区域、火塘。将各个居住行为的评价结果与其行为的空间进行联系，将居住行为的得分赋以其行为发生的空间中，得到各空间要素的空间行为得分。

通过对各空间要素的空间行为得分的计算发现，在住居院落空间中，综合所有居住行为后，综合得分最高的是住居，住居后依次是饲养空间、晾晒空间、储藏空间、种植空间、用水空间。

根据各空间要素空间行为得分的统计，翁丁村居民院落空间中心理地位最高的空间要素是住居，最低的是用水空间。

对比住居内部以及住居院落中空间要素的空间行为得分，发现院落空间中的空间要素得分大部分都比翁丁村居民行为的总平均分低，这说明居民在建造住居时，将一些生活中较不重要或次要的空间设置在住居外的院落空间当中。在这些空间要素中，主要为进行日常生活的功能空间。

分析的结果体现的是翁丁村中的居民在建造自己的住居时，如何安排自己的生活空间以及居住行为的思考过程。观察在住居院落中的构成要素的功能发现，翁丁村居民住居院落中的构成要素所包含的主要是生产劳动、搬运储藏等行为内容，而一些需要使用水或需要与日常生活空间隔离的行为也被安排在住居的院落中，而将日常起居等行为安排在住居内部进行。

4.3 微观层面聚落空间与居民居住行为的关系

4.3.1 住居内部空间构成要素与居民居住行为的关系

将住居内居住行为的量化评价得分带入到行为发生的坐标点中，当一个坐标点中发生多个居住行为时，对多个居住行为的量化评价得分取平均值，即该坐标点的空间行为得分。通过比较各坐标点的空间行为得分以及它们在坐标系中的位置，对翁丁村中住居内部空间构成要素的布局与居民居住行为的关系进行分析。

在住居内部的居住行为包括：民族节日、婚礼、葬礼、打扫、整理、烧火、炊事、育儿、看电视、聊天、妊娠、分娩、叫魂、睡觉、小憩、进食、喝茶、抽烟、洗脸、书写。

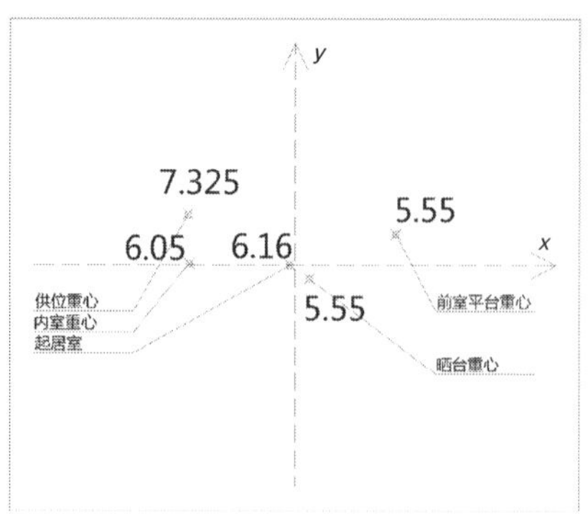

图4-3 住居内部空间构成要素空间行为分值分布图

在住居内部的空间构成要素中，前室平台对应的居住行为是搬运储藏，起居室对应的居住行为是民族节日、婚礼、葬礼、打扫、整理、烧火、炊事、育儿、看电视、聊天、妊娠、分娩、叫魂、睡觉、小憩、进食、喝茶、抽烟、洗脸、书写，内室对应的居住行为是睡觉、搬运储藏，供位对应的居住行为是叫魂、民族节日，晒台对应的居住行为是搬运储藏。

分析发现，住居内部的空间构成要素并没有对居民的居住行为进行空间上的直接划分，大量的居民居住行为都发生在住居的起居室内。而晒台、前室平台只是作为储存物品的空间，并无居民的日常行为活动。

计算每个空间构成要素的空间行为得分后，供位的得分最高，为7.325分；其次是起居室，为6.16分；内室的得分为6.05分；晒台和前室平台的得分均为5.55分。

再将各空间要素的得分带入到空间构成要素重心点的分布图中，并未发现直接的空间行为得分与各构成要素在住居内布局的规律，得分最高的供位位于远离坐标中心的位置，而位于坐标中心附近的晒台的空间行为得分在所有空间构成要素中最低（图4-3）。

在对住居内部空间构成要素的面积分析中发现，作为较高等级的供位区域拥有较高的心理等级的同时，却拥有住居内所占比例最小的面积，居民日常生活起居的起居室拥有最大的面积，这符合对于住居中面积思考的一般规律。

4.3.2 住居内部功能区域布局与居民居住行为的关系

将住居内部居住行为的量化评价得分带入到发生居住行为的功能区域的坐标点中，当一个坐标点发生多个居住行为时，对各居住行为的量化评价得分取平均值即为该坐标点的空间行为得分。通过对住居内各功能区域的面积与居民在住居内的居住行为以及行为的评价得分进行对比分析。

住居内部的居住行为包括：民族节日、婚礼、葬礼、打扫、整理、烧火、炊事、育儿、看电视、聊天、妊娠、分娩、叫魂、睡觉、小憩、进食、喝茶、抽烟、洗脸、书写。

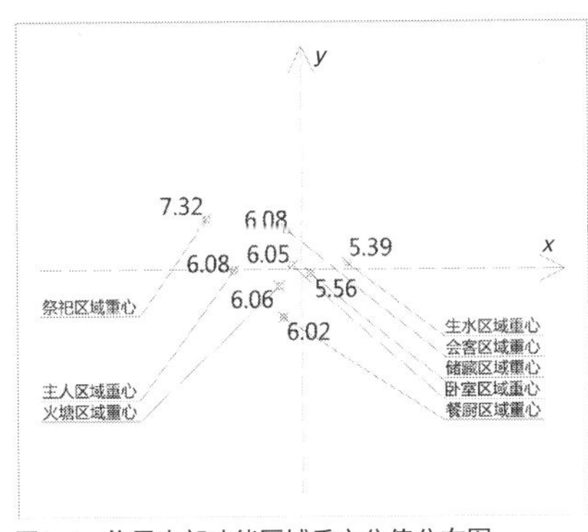

图4-4　住居内部功能区域重心分值分布图

在住居内部的空间构成要素中，主人区域对应的居住行为是打扫、整理、搬运储藏、看电视、聊天、叫魂、睡觉、小憩、进食、喝茶、抽烟、书写，会客区域对应的居住行为是整理、看电视、聊天、小憩、进食、喝茶、抽烟，餐厨区域对应的居住行为是整理、洗涤、炊事、育儿、搬运储藏、看电视、聊天、妊娠、小憩、进食、抽烟，储藏区域对应的居住行为是整理、手工、搬运储藏，生水区域对应的居住行为是整理、洗涤、搬运储藏、分娩，就寝区域对应的居住行为是整理、搬运储藏、睡觉，祭祀区域对应的居住行为是民族节日、叫魂，火塘对应的居住行为是打扫、整理、烧火、炊事、看电视、聊天、小憩、进食、喝茶、抽烟。

通过对各功能区域的空间行为得分进行计算得出：祭祀区域得分最高，为7.32；主人区域得分为6.08；火塘得分为6.06；卧室区域得分为6.05；会客区域得分为6.08.；餐厨区域得分为6.02；储藏区域得分为5.56；生水区域得分为5.39。其中得分最高的祭祀区域，而得分较低的区域中，主要进行的是日常的生活居住行为。

在将各功能区域的空间行为得分与各自在住居平面坐标系中的重心点结合后发现，分布在x轴负方向一侧坐标点拥有更高的得分，而x正方向生水区域和储藏区域得分远低于其他功能区域，而其他的功能区域中，越接近祭祀区域的空间行为得分越高(图4-4)。

居民将住居内部的各功能区域按照住居内的轴线进行排布的同时，按照不同的心理等级将生活行为发生的功能区域分布在住居内不同的位置。以第二生活行为为主的生水区域和储藏区以住居的前半部分为中心进行分布，而结合第一生活和第三生活的主人区域、火塘区域、餐厨区域、就寝区域、会客区域则在住居的后半部分分布，纯粹的第三生活区域祭祀区域单独放置在住居的最里面。通过对各空间构成要素面积以及空间行为得分的对比，无法看到功能区域的面积与行为之间的直接联系。居民在考虑住居内的功能区域大小时，可能考虑更多的是各区域大小的功能性和实用性需要。

4.3.3 住居内部细部尺寸与居民身体尺寸的关系

住居内梁高与居民的身高具有一定的相关性，住居内的火塘高与居民的坐高具有一定的相关性。

身体尺寸与住居细部的静态影响关系：

在居民身高与住居内细部尺寸的对比中，居民的身高与入口门的关系最为紧密，居民的身高平均为入口门高度的92%，而男性的身高与门的高度关系更近，男性的身高平均为入口门高度的93%。

居民的身高平均为室内梁高的78%，男性的身高平均为室内梁高的80%。

身高还和火塘的高度直接相关，住居内火塘的高度平均为居民站立身高的93%，接近女性居民的身高。

在居民坐高尺寸与住居内细部尺寸的对比中，居民的坐高与顶上窗的高度和窗台的高度相近；居民的坐高平均为晒台门高的85%，火塘高的66%。

4.3.4 总 结

在将行为的量化评价与空间位置在宏观、中观和微观三个层面进行叠加比较后，我们可以看到。在不同的层面空间中，居民布置行为和空间具有一定的相似性。

在宏观层面，翁丁村的传统聚落空间中具有精神意义和象征意义的第三生活行为的空间构成要素在宏观聚落空间具有更大的范围和面积，而居民日常活动和使用的空间中，空间的范围和面积是小于这些聚落空间要素。从翁丁村的总平面中，整个翁丁村围绕位于空间中心位置的寨心展开，居民居住的住居围绕寨心修建，在居民住居的外围是聚落的公共场所以及起围护作用的树林。整个聚落从布局来看形成了以寨心为中心点的环状布局。从居民的行为角度来看，寨心在空间量化评价得分中，具有第二高的得分，说明寨心区域在居民的生活和观念中，也占有较为重要的地位，而其他比寨心得分低的区域围绕寨心布局，也显示出了寨心的突出性和中心性。

在中观层面，住居面积与住居院落面积、住居的在册人数和常住人数有直接影响关系，居民在册人数增加1 人，住居院落面积不变时，住居的面积增加2.964m^2，当常住人数增加1 人且住居院落面积不变时，住居的面积增加1.479m^2。在翁丁村居民的住居院落中的构成要素进行的主要是生产劳动、搬运储藏、用水或需要与日常生活空间隔离的相对次要的居住行为，而较为重要的日常起居等行为安排在住居内部进行。在翁丁村的每一户住居院落中，住居作为住居院落中空间量化评价得分最高的建筑物，通常都是位于院落中心，或因为功能原因稍微院落中心的位置。

在微观层面，住居中空间划分的布局和功能区域的布局中，较为重要的空间或区域被设置在住居的内部位置，而一些功能性和辅助性空间设置在更靠近住居的出入口，住居空间由外向内，空间的重要性感受逐渐增强。室内的细部与居民身体有着直接的比例关系，其中门、窗、梁与居民的站立高度有关，晒台门、火塘高度与居民的身体高度有关。在翁丁村住居的内部空间划分以及功能区域的划分中，也体现出中心性的原则。从空间划分的角度看，起居室作为住居内最重要的空间，其平面重心位于住居室内的中心位置。从功能区域划分的角度看，住居内各功能区域围绕着住居的中心点进行布局，体现出了较为规则的沿四个方向展开的特点。从平面布局中可以看到火塘通常处于住居平面的中心位置，同时火塘的量化评价结果显示，它在居民的生活中同样具有相当重要的地位。

附 录　翁丁村 101 栋住居

鸟瞰翁丁村全貌

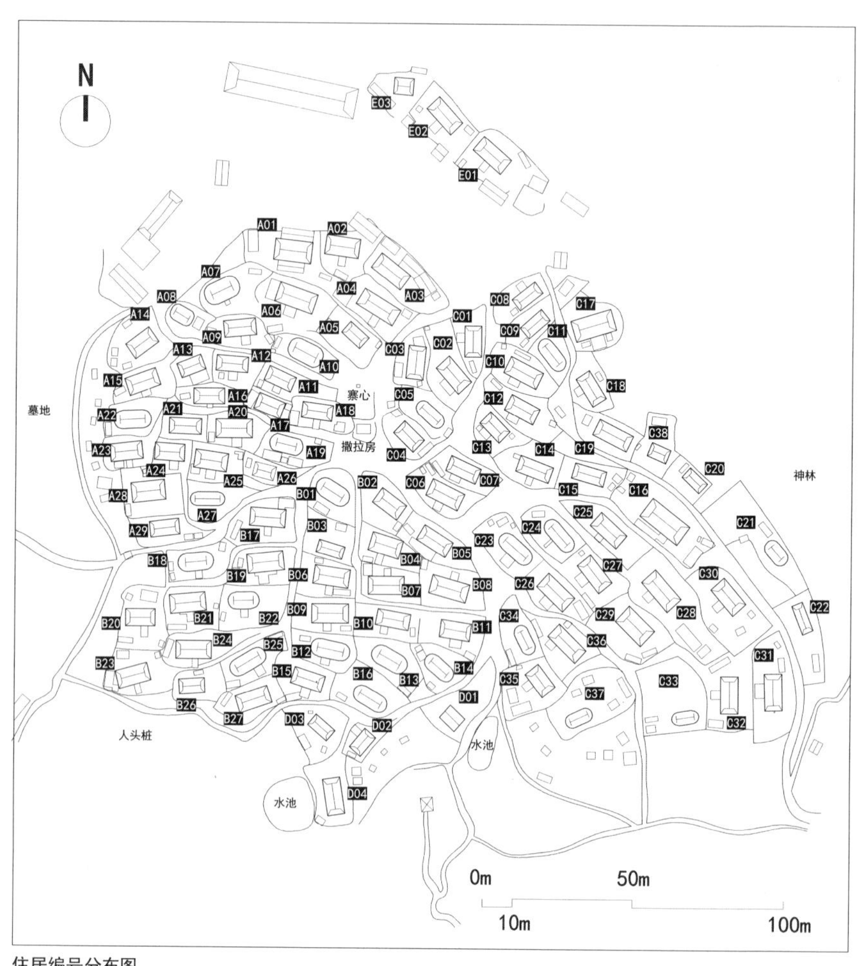

住居编号分布图

翁丁村101 栋住居，每一栋住居都是一个家庭关系和行为的容器，整体上看它们外观相似，但每栋都有着自己的特点，是一个个鲜活的场所。

住居A01

住居A02

住居A03

住居A04

住居A05

住居A06

住居A07

住居A08

住居A09

住居A10

住居A11

住居A12

住居A13

住居A14

住居A15

住居A16

住居A17

住居A18

住居A19

住居A20

住居A21

住居A22

住居A23

住居A24

住居A25

住居A26

住居A27

住居A28

住居A29

住居B01

住居B02

住居B03

住居B04

住居B05

住居B06

住居B07

住居B08

住居B09

住居B10

住居B11

住居B12

住居B13

住居B14

住居B15

住居B16

住居B17

住居B18

住居B19

住居B20

住居B21

住居B22

住居B23

住居B24

住居B25

住居B26

住居B27

住居C01

住居C02

住居C03

住居C04

住居C05

住居C06

住居C07

住居C08

住居C09

住居C10

住居C11

住居C12

住居C13

住居C14

住居C15

住居C16

住居C17

住居C18

住居C19

住居C20

住居C21

住居C22

住居C23

住居C24

住居C25

住居C26

住居C27

住居C28

住居C29

住居C30

住居C31

住居C32

住居C33

住居C34

住居C35

住居C36

住居C37

住居C38

住居D01

住居D02

住居D03

住居D04

住居E01

住居E02

住居E03

后 记

本书的主要内容是由我研究生毕业论文整理而成的，为了让成书的内容更为紧凑，每个章节可以更独立，部分内容进行了删减和调整，去掉了最后作为总结的结论章节，以最后的分析作为结尾。全书大致可分为调查部分和分析部分，调查部分以对云南沧源佤族聚落翁丁村的调查为基础，对调查的成果进行了尽可能详尽的陈述和列举，在展现空间调查成果的同时，展示空间使用的场景，以及空间与空间中的人、空间中的行为活动的状态。希望用这种方式可以更为全面地呈现一个鲜活的聚落样貌。分析中，尽可能地采用数据和量化的分析与比较，尽可能地去除感受、感官在分析中的影响，通过较为“远离聚落”的方式，对一个聚落进行分析和理解。希望可以展现一个观察聚落的新视角。

我们今天更多的是以过来人的身份去回望过去的聚落，发现过去被我们遗忘或忽略掉的传统。如果换一种角度，我们周围的聚落也可以是一种现在的状态。在这个星球上，我们都是处在同一时间和空间当中的人类，因为不同的地理、经济、环境、文化等因素的影响，展开了看似相差很远的生活状态，而这些不同的生活状态在我看来就形成了一个个的聚落，聚落的空间则是这些生活状态的一个载体。这些看起来相差很远的生活状态是由于诸多的前置条件的差异所累加形成的，从而导致了丰富而多变的形态，这种形态会随着前置条件的改变而不断调整和更新，这便形成了处在动态当中的现在的聚落。而当发现这些聚落都是对周围环境的一种反馈时，我们就可以去展望我们未来可能会遇到的情况，也就可以去猜想我们未来的生活空间。距离论文成文到书稿成形已经过去近5年时间，期间几经曲折。这5年重读当时的调查和分析，发现很多逻辑不够严谨、思考不够深入的地方，希望各位读者、老师可以不吝赐教，也希望此书可以作为对当时状态下对聚落思考的一个记录。

本书的出版首先要感谢王昀老师的指引和教导，老师不仅在学识上对我们进行指导，更为我辈提供了做研究的范本，切身地体会到了做研究的不易。研究只有通过身心俱疲的工作，才能够勉强看到一些成果的皮毛，而只有持续不断地进行这样的往复与循环，才有可能获得真正的成绩。书稿由论文整理而成，涉及大量的文字修改和整编，要感谢中国建筑工业出版社编辑的辛苦付出。

在翁丁村调查中，感谢一同完成调查的刘禹和赵冠男。刘禹担负了现场所有的测绘平面图的绘制工作，赵冠男对翁丁村中半数住居进行了拍照记录工作，我们在翁丁村一同付出了极为艰辛的努力，希望以此书作为这次经历的纪念，同时也希望可以成为我们对早逝的刘禹的一份纪念。

2018年10月